DISCOURS
SUR LA STRUCTURE DES
FLEURS
LEURS DIFFERENCES ET L'USAGE
DE LEURS PARTIES;
Prononcé a l'Ouverture du Jardin Royal de Paris,
le Xe. Jour du mois de Juin 1717.

ET

L'ETABLISSEMENT
de trois nouveaux genres de

PLANTES,
L'ARALIASTRUM,
LA SHERARDIA,
LA BOERHAAVIA.

Avec la Description de deux nouvelles PLANTES
rapportées au dernier genre,

Par

SEBASTIEN VAILLANT,
Demonstrateur des Plantes du Jardin Royal à Paris.

TEMPORE
&
INDUSTRIA.

A LEIDE,
Chez PIERRE VANDER Aa,
Marchand Libraire, Imprimeur de l'Université & de la Ville.
MDCCXVIII.

SERMO
DE STRUCTURA
FLORUM,
HORUM DIFFERENTIA, USUQUE PARTIUM EOS CONSTITUENTIUM,

Habitus in ipfis aufpiciis Demonftrationis publicae Stirpium in Horto Regio Parifino, X°. Junii 1717.

ET

CONSTITUTIO
Trium novorum generum

PLANTARUM,
ARALIASTRI,
SHERARDIAE,
BOERHAAVIAE.

Cum defcriptione duarum PLANTARUM *novarum generi poftremo infcriptarum,*

Per

SEBASTIANUM VAILLANT,
Demonftratorem Plantarum Horti Regii Parifienfis.

TEMPORE
&
INDUSTRIA.

LUGDUNI BATAVORUM,
Apud PETRUM VANDER Aa,
Bibliopolam, Academiæque ut & Urbis Typographum Ordinarium.
MDCC XVIII.

REI HERBARIAE
STUDIOSIS

PETRUS VANDER Aa S.

FOrtunatô evenit, ut in meas inciderint manus, quas Vobis palam offero, super pulchrâ, quam colitis, disciplinâ dissertationes: quum enim singularia plurima, nec dicta Aliis, contineant, atque perspicuâ enarrent dictione, dignissimas aestimavi, quae in usus evulgarentur publicos. Maximê, postquam consulti super his Viri, penes quos facultas de illis judicandi, in eâ me sententiâ confirmassent, suoque mihi praeconio Auctores essent, ut ocyus ederentur. Vobis itaque inscribo easdem, emaculatiores sanê futuras, si ipse in Latinum convertisset, si ipse emendasset, harum Dominus. Sed intellexeram, Virum Celeberrimum haud ita facilem in emittenda sua in publicum, ideoque, si rogaretur, forte intercessurum. Ergo ne sic quidem, ut apparent alienâ evulgatae curâ, displicituras vobis crediderim! satius quippe arbitror, opus utile juvare publica commoda, quam idem inter manus nimis atque anxiê elegantis Auctoris in omne aevum premi. Immodica sanê elaboratissimae perfectionis studia optima quaeque eripuere Publico. Summisque semper vitium fuit Viris, quod propriis operibus ne metitas quidem laudes tribuere ausi sint. Valete!

A

DISCOURS

Sur la Structure des Fleurs, leurs differences, &
l'usage de leurs parties; prononcé a l'ouver-
ture du Jardin Royal de Paris, par M.
Vaillant, Demonstrateur des Plan-
tes, le xe. Jour du mois de
Juin 1717.

Recueilli par les Etudians en Botanique.

MESSIEURS,

omme entre les parties qui caracterisent les
Plantes, celles qu'on appelle Fleurs, sont,
sans contredit, des plus essentielles, il est
a propos de vous en entretenir d'abord;
d'autant plus que tous les Botanistes ne
nous en ont donné que des idées assez con-
fuses.

Peut être que le langage dont je me servirai a ce su-
jet, semblera un peu nouveau en Botanique; mais comme il sera rempli de termes tout a fait convenables a l'u-
sage des parties que j'ai a exposer, je croi qu'on l'en-
tendra beaucoup mieux que l'ancien, lequel étant farci
de mots impropres & equivoques, plus propres à em-
broüiller la matiere, qu'a l'eclaircir, jettent dans l'erreur ceux dont l'imagination encore offusquée, n'a aucu-
ne bonne notion des veritables fonctions de la pluspart
de ces mêmes parties.

Les Fleurs, absolument parlant, ne devroient être prises que pour les organes qui constituent les differents sexes
des Plantes, puisqu'on trouve quelque fois ces organes nuds,

com-

SERMO

Super fabricâ Florum, horum differentiâ, & usu partium quæ illos componunt, quem habuit, Vir Clariſſimus, Sebaſtianus Vaillant, Plantarum in Horto Regio Pariſino Demonſtrator, quum x. Junii 1717. Stirpes ibidem demonſtrare auſpicaretur, prout a Studioſis rei Herbariae exceptas, atque in linguam deinde Latinam verſus, habetur.

AUDITORES.

Uoniam inter omnes ſtirpium partes, quibus character Plantarum, definitur, illae, quos *Flores* appellant, maxime earum naturae ſingulari conjunctae ſpectantur; rationi conſentaneum eſt ſuper his ocyus Vobiſcum agere; idque eo quidem magis, quòd nemo Botanicorum hactenus illorum ideas, niſi confuſe nimium, depictas dederit.

Dictio forte, quâ ad hanc materiem utar, nova ſatis in diſciplinâ videbitur Herbariâ; verum tamen, quum referta futura ſit vocabulis appoſitiſſimis uſui partium quem exponendum habeo, longe facilius intellectum iri crediderim recentem hanc, quam Veterem, uſitatamque. Enimverò plena ubique haec vocibus impropriis pariter & ambiguis, quibus profectò longe magis intricatur, quam illuſtratur, argumentum: unde in errorem praecipites dari doleas, quorum intelligentia, tenebris hiſce immerſa, nihil veri capit genuino uſu earundem partium.

Opera eloqui fas eſt, agnoſcere oportet, flores pro organis genitalibus, quibus diverſi in plantis conſtituuntur ſexus. Quippe ſpectare licet quandoque nuda haec membra, ut in *Ty-*

A 2   *phâ*

comme dans la Typhe ou Maſſe d'eau[a] ; le Limnopeuce Cordi[b] ; le Potamogeito affinis Graminifolia aquatica, Raii ;[c] dans quelques eſpeces de Freſnes &c. Et que les tuniques ou petales[d] qui les environnent immediatement dans les plantes ou ils ſe manifeſtent, ne ſont deſtinées qu'à les couvrir & a les defendre. Mais comme ces tuniques ſont ordinairement ce qu'il y a de plus beau & de plus apparent dans le compoſé auquel on a donné le nom de Fleur, & que c'eſt preciſement là que ſe borne la curioſité, l'amour & l'admiration de preſque tout le genre humain qui ne fait nulle attention au reſte dont il ignore & le nom & l'uſage; ce ſont ces tuniques que par preciput, j'appellerai Fleurs, de quelque ſtructure, & de quelque couleur qu'elles puiſſent être, ſoit qu'elles entourent les organes des deux ſexes reünis, ſoit qu'elles ne contiennent que ceux de l'un ou de l'autre, ou ſeulement quelques parties dependantes de l'un des deux, pourveu toute fois que la figure de ces tuniques ne ſoit pas la même que celle des feuilles de la plante, ſuppoſé qu'elle en porte.

Sur ce principe, je nomme Fleurs nuës ou Fauſſes Fleurs, ou ſi l'on veut, Fleurs effleurées, les organes de la generation qui ſont denuéz de petales, & vraies-Fleurs, ceux qui en ſont reveſtus.

L'on voit par ce premier debut, que je ſape entierement les Fleurs à Étamines ou ces captieuſes Fleurs ſans fleur, race maudite, qui ſemble n'avoir été créee ou inventée que pour en impoſer aux plus habiles, & deſoler abſolument les jeunes Botaniſtes, leſquels en étant debaraſſez, ſe trouvent d'abord en état d'entrer tête levée dans le vaſte empire de Flore, & de decider en Maîtres ſur toutes les parties des Fleurs.

Si celui de tous les Autheurs qui a le plus donné dans le Fleuriſme, s'y étoit pris de la ſorte, il n'auroit pas avancé qu'il eſt difficile de determiner en pluſieurs

[a] Typha paluſtris. [b] Hiſtor. 150. [c] Hiſt. 1. 190. [d] Petala.

ren-

*phâ paluftri Limnopeuce Cordi, potamogeitoni affini gra-
minifoliâ Raji*, in fpeciebus nonnullis *Fraxini*, aliisque.
Ubi autem petala ambiunt Flores quam arctiffimê, quod fie-
ri cernitur in Plantis bracteato donatis flore, tum verô quam
liquidiffimê apparet, haecce florum foliola dicta tantum iis
tegendis nata effe atque defendendis. Quum verô bracteae
hae pulcherrimam, atque fpectabilem prae caeteris, partem
floris vulgô appellati abfolvant, atque in ejus contempla-
tione ftudium, amor, & admiratio haereat hominum, evenit eâ re, ut nullam habuerint rationem caeterarum partium,
quae flori componendo ferviunt: taedebat quippe animum
iis advertere, quarum verum nomen, unâ cum praeclaro
ufu, penitus ignorabant. Has itaque tunicas ego flores appellabo, ob excellentiam gentilitii ftemmatis, dotalisque be-
neficii, quâcunque demum fabricâ conftructae fuerint,
quocunque colore fplendeant, five amplectantur genitalia u-
triufque fexus uniti, five comprehendant alterutrum tantum, five denique circumcingant modô partes quasdam
pertinentes ad aliquem horum fexuum. Eâ tamen lege, ne
figura petalorum eadem fit figurae foliorum plantae ejufdem, fi ea fert. Hâc ego ratione *Flores nudos*, aut *fpurios
flores*, appellabo, aut & *Flores imperfectos*, fi ita velis,
genitalia ftirpium nuda petalis; fed *veros flores* dicam organa
generationis plantae, quae petalis inveftita fpectantur.

Nonne intelligitis ex ipfo hocce exordio, me evertere
funditus *flores ftamineos*, aut *flores* iftos dolofos *fine floribus?* heu ftirpem invifam! nec alio natam, cultamve, fa-
to, nifi ut peritiffimo cuique imponat, Juniores verô Botanicorum penitus praecipitet, deftruatque. Hâc verô ipfâ fi
liberi fint, aptos natos cernas, qui fublimi incedentes verti-
ce per vafta Florae imperia, auctoritate Magiftrorum fuam
apertê fententiam dicant fuper omnibus florum partibus.

Quòd fi Celeberrimus Vir, qui inter omnes Auctores
maximê excoluit Florum Rempublicam atque ornavit, hanc-
ce inftitiffet viam, longê abfuiffet fane a fermone, quo
declarat; *faepenumerô arduam valde haberi defignationem*

A 3   *ea-*

rencontres, ce qu'il faut appeller les feuilles (ou pour éviter l'ambiguité, les petales) de la fleur, & ce qu'il faut nommer le calice de la même fleur, & il n'auroit pas si souvent pris celui-ci pour celle-là, & encore plus souvent, celle-là pour celui-ci.

De la maniere que je viens de definir la vraye Fleur, on entend bien qu'elle doit estre épanoüie ; car lors qu'elle n'est encore qu'en bouton, non seulement ses tuniques entourent immediatement les organes de la génération, mais elles les cachent aussi si exactement qu'en cet estat on la peut regarder comme leur lict nuptial, puisque ce n'est ordinairement qu'aprés qu'ils ont consommé leur mariage, qu'elle leur permet de se montrer ; ou si elle s'entrouvre quelque peu pendant qu'ils en sont aux prises, elle ne s'epanoüit tres-parfaitement que lorsqu'ils se sont quittez. Le contraire arrive aux Fleurs qui ne contiennent qu'un sexe, & la raison en est évidente. Mais s'il arrive que sur un même pied de plante, il se rencontre des Fleurs qui n'entourent que des organes feminins, & d'autres ou se trouvent les deux sexes : la tension ou le gonflement des organes masculins de celle-ci, se fait si subitement, que les lobes du bouton, cedant a leur impetuosité, s'ecartent ça & là avec une celerité surprenante. Dans cet instant, ces fougueux qui semblent ne chercher qu'a satisfaire leurs violents transports, ne se sentent pas plustôt libres, que faisant brusquement une décharge générale, un tourbillon de poussiere qui se repand, porte partout la fecondité ; & par une étrange catastrophe ils se trouvent tellement épuisez, que dans le même instant qu'ils donnent la vie, ils se procurent une mort soudaine.

Ce

earum in flore partium, quas pro veris ejus petalis fas fit agnofcere, atque quum curatiffimê illa diftinguere ab iis, quae calicem ejusdem efficiunt. Eâdem certe operâ evitaffet errores, quos frequenter commifit, florem pro calice fumendo, & frequentius adhuic calicem accipiendo vice floris.

Neque Vos fugit, ex dictis modô de definitione, *Floris veri,* fequi, requiri, ut bracteae ejus expanfae fint: quamdiu enim gemmae modô fpeciem gerit, tunicae ejus haud tantum cingunt arctê & tangunt ejus genitalia; fed & abfcondunt eadem adeô quidem follicitê, ut hâcce rerum facie thori genialis munere fungi easdem videas. Neque enim plerunque permittunt prius iisdem, ut fefe aëri aperto committant, feque oftentent, nifi confummato demum conjugio per lufus genitales. Quod fi quandoque paululum aperuerint ftricta fua vincula, dum in mutuis adhuc haerent amplexibus, fanê non videbis tamen perfectê expanfa petala, nifi poftquam abfoluto demum conjugali opere dulces complexus laxaverint.

Contraria autem, accidere obfervo iis floribus, qui unius modô fexus diftincta continent genitalia. Nec obfcura rei ratio. Quoties autem acciderit, ut in eâdem ftirpe flores gerantur fimul, quorum hi fœminina tantum, illi autem mafculina & fœminina conjuncta, organa cingunt, arrectio, tumorque, organorum mafculinorum in hifce tam fubitô contingit, ut lobuli gemmae flofculofae cedant illorum impetui, atque hinc inde femet expandant mirabili mehercle velocitate. Etenim eodem hocce momento libidinofa haec ingenia nihil ardentius cogitant, nifi ut violentos luxuriei effectus expleant, neque citius libera fe, & expedita, experiuntur, quin extemplo quam violentiffimê fœcundam explodant, omnemque uno impetu ejaculentur, genituram, diffufâ nimirum pulverulentâ nubeculâ fpargente quâquâverfum fœcundationem arvi genitalis. Verum, quam rarâ, quam mirâ, cataftrophe! ipfo hoc fœcundandi ardore adeô femet exhaufta dolent, ut ipfo, quo prolem vitâ donant, momento fibimet mortem parent praefentiffimam!

Neque

Ce n'est pas encore là que se termine la scene. A peine
jeu a-t-il cessé, que les levres ou lobes de la fleur se ra-
prochant l'un de l'autre, avec la même vitesse qu'ils s'en
étoient écartez, lui font reprendre sa premiere forme.
Et on auroit peine à comprendre, si l'on ne l'avoit veu,
qu'elle eût souffert la moindre violence, ou si l'on en
voïoit encore des marques certaines par les chetives car-
casses de ces vaillants Champions qui la lui ont faite,
& qui restent quelque tems arborées sur son faite, ou
comme autant de girouettes, elles servent de joüet aux
Zephyres.

Tout cette mechanique se peut aisement remarquer sur
la Parietaire, a l'heure du Berger, c'est à dire le ma-
tin, temps ou les differents sexes des plantes prennent
ordinairement leurs ébats. Et si ces Fleurs ne vouloient
pas agir de gré pendant qu'on les observe, on peut les
y forcer en les aiguillonnent doucement avec la pointe
d'une épingle ; car pour le peu qu'on en souléve un des
lobes quand elles ont pour ainsi dire, l'age compétent,
les hampes ou filets des étamines, d'arcuez ou cambrez
qu'ils sont, venant a se dresser comme par un effort
violent, on découvre aussi-tôt ce qui se passe de plus par-
ticulier dans cette espece d'exercice amoureux.

Il s'en faut bien que les étamines des plantes qui ne
portent que des fleurs ou les deux sexes sont reünis, n'a-
gissent avec tant de precipitation & de vigueur. Dans
le plus grand nombre, leur action est presque insensi-
ble ; mais il est a presumer que plus elle est lente, plus
longue est la durée de leurs innocents plaisirs. Ce n'est
pas qu'on en voit qui, sur certaines plantes, tantque la
fleur subsiste, donnent encore au moindre attouchement,
des signes de vie bien marquées. Telles sont par exem-
ple ; les étamines du Figuier d'Inde ; celles d'Helian-
themum &c.

a Opuntia.

Les

...que ...t hic tamen Scena clauditur. Quid ergo? Vix ... hic ludus abſolutus eſt, quin ſtreo florunt laſſi ...uti, ad ſe invicem accedant eodem quidem, quo à ...itio ...ceſſerant, celeritatis impetu, veteremque ita ...n ſcenam renovent. Atqui quidem, ut difficillimum foret ... ſloreſ hoſce ullam vim paſſos eſſe, niſi vel ipſe ... hunc vidiſſet oculus, vel adhuc cerneret caduca ſce- ... magnan...orum heroum, qui hanc pugnaverunt pugnam, ... quippe haec geſtae fortiter rei monumenta ſuper- ...unt aliquamdiu erecta in campo conflictus, aut Aplu- ...... Jocularios experiuntur luſus volitantis Ze- phyri.

Apparatum huncce artificioſum facilè ſpectare datur in pa- ...taria. Sed accedas oportèt horà ſacrà Veneri! Aurora eſt, ...vet & adſpirat diverſorum in plantis ſexuum volupta- ...... congreſſibuſque; ubi verò agere forte renuunt ſatis ...... ex voto Tuo obſervantis, cogere vel ſic poteris, ...ulae apice leniter modò ſtimules. Si enim matura jam ...ſ.e. aetas flſibus, opus tantum erit quam blandiſſimè unum elevare lobulorum, ſtatimque ſpectaculo quam jucundiſſimo oblectaberis: filamenta quippe, vel manubria, ſtaminum ex arcuato hactenus incurvoque flexu in erectum arriguntur fi- ...ur, ut vi acta violentà, tumque liquidò ſpectatur ſingulare quidque & tectum, quod in exercitio hocce peragitur ve- nereo.

Multum abeſt profectò, ut ſtamina plantarum, quae ſlores ferant, in quibus ambo ſexus uniti ſunt, agant tam praecipiti impetu, tantove cum vigore. Imò verò pleriſ- que harum actio haec ſenſu vix percipitur; credibile in- terim, quò lentiores his, eò durabiles magis, eſſe inno- cuas voluptates. Intereà tamen in nonnullis videre eſt plantis, quod floribus earum adhuc ſuperſtitibus, ſigna ...pareant vi...br a ad attactum vel minimum. Expe- ....ceritu ...minibus *Opuntiae*, *Helianthemi*, & aliis ...

B   Or-

Les organes qui constituent les differents sexes des plantes, font deux principaux. Sçavoir les Etamines *&* les Ovaires.

Les Etamines que j'appelle organes masculins *& que le celebre Autheur des Institutions de Botanique, regarde comme les parties les plus viles & les plus abjectes dans les végetaux; quoi qu'elles soient veritablement des plus nobles: puisqu'elles repondent a celles qui dans les masles des Animaux servent a la multiplication de l'espece, Celles-là, dis-je, sont composées de* testes *& de* queües, *ou si l'on veut s'entenir aux termes ordinaires, de* sommets *& de* filets.

Ces testes, *qu'a juste titre, on peut appeller* testicules, *non seulement parce qu'elles en ont souvent la figure, mais aussi parce qu'en effet elles en font l'office, sont, dans toutes les plantes complettes, de doubles cartouches ou des capsules membraneuses, qui essentiellement ont deux loges pleines de poussieres, dont les granules prennent ordinairement dans chaque espece de plante une forme déterminée, comme l'ont observé* Mrs. Grew, Malpighi, Tournefort, *& aprés eux,* l'Autheur *des* observations sur la structure & l'usage des principales parties des fleurs. *Memoires de l'Ac. R. des Sc. ann.* 1711. p. 210.

Les queües *ou* filets, *qui servent d'attaches & des supports aux* testicules, *& qui ne sont proprement que les gaines de leurs vaisseaux spermatiques, sont ou simples, comme dans les plantes* Graminées, *les* Cyperacées, *les* Cruciferes, *les* Umbelliferes *& autres; ou bien elles sont branchuës, comme dans le* Ricin, *le* Laurier *&c. Elles sont distinctes & separées les unes des autres dans les fleurs des susdittes plantes; mais dans certaines, comme sont celles de la pluspart des* Malvacées, *des* Cucurbitacées, *des* Legumineuses *&c. on les trouve si intimement soudées ensemble, qu'elles ne font qu'un seul corps, D'où est venu que M.* Tournefort *a pris les Etamines du* Houx-frelon, [a] *pour la fleur même,& la veritable fleur pour un calice, & qu'il n'a pas reconnu que ce qu'il appelle* tuïau piramidal *dans les plantes* Malvacées; tuïau frangé *dans l'*Azedarach, gaine, *dans le* Rapuntium,

[a] Ruscus.

dans

Organa, quae diverfos plantarum fexus conftituunt, duo primaria habentur ; *ftamina* fcilicet, & *Ovaria*.

Stamina, quae *mafcula* voco *organa*, quaeque Clariffimus Inftitutionum Rei herbariae Auctor habet partes viliffimas abjectiffimafque plantarum, funt tamen verè nobiliffimae: utpote fimillimae atque eaedem iis, quae in maribus animalium multiplicandae ferviunt proli. Componuntur & haec *capitulis* & *caudis*, aut fi vulgatiora amas potius vocabula, *apices* habent & *filamenta*.

Capitula haec, quae vero titulo appelles *Tefticulos*, non modò ob apparentem faepe in illis horum figuram, fed & quoniam reverà eorum funguntur officio, conftant, in completis quibufque plantis, loculis geminis, vel capfulis membranaceis, quae certè habent binos receffus pulvere plenos, cujus granula ut plurimum in quàlibet plantarum fpecie formam affumunt definitam; ut obfervarunt VIRI EGREGII, GREW, MALPIGHI, TOURNEFORT, atque poft Eofdem Mem. de l'Ac. R. des Scienc. 1711. p. 210. Auctor *obfervatorum fuper ftructura & ufu praecipuarum florum partium.*

Caudae vel *filamenta*, quae ligandis, fuftinendifque, ferviunt tefticulis, quaeque propriè funt vaginae vaforum fpermaticorum ad tefticulos pertinentium, funt vel fimplicia, ut in plantis *Gramineis*, *Cyperaceis*, *Cruciferis*, & *Umbelliferis*, aliifque; aut brachiata apparent, ut in *Ricino*, *Lauroque*, &c. haec quidem diftincta funt, & feparata à fe mutuò in floribus harum ftirpium; at in aliis, ut plerifque *Malvaceis*, *Cucurbitaceis*, *Leguminofis*, &c. reperiuntur adeò unita & conglutinata fimul, ut unum modò efficiant corpus. Unde accidit, ut praeclarus Tournefort acceperit ftamina *Rufci* pro flore, florem autem verum ejufdem pro calice; utque non agnoverit id, quod *tubum* vocat *pyramidalem* in Malvaceis, *lobum circinnatum* in *Azedarach*, vaginam in *Rapuntio*, *Le-*

B 2   *gu-*

dans les plantes Legumineuses, dans celles à fleurons, dans celles à demi-fleurons, & dans les radiées ; il ne s'est pas apperceu, dis-je, que ce qu'il appelle tantôt tuyau, tantôt gaine, n'est autre chose que ces queuës parfaitement jointes & intimement unies : accident qui leur est commun avec les petales de quelques fleurs, qui pour être d'une consistence charnuë & succulente, ou qui estant trop comprimez les uns contre les autres dans le calice, se collent si bien ensemble qu'ils forment des fleurs monopetales au lieu de polypetales.

L'endroit d'où les organes masculins tirent leur origine, n'est pas toûjours le même dans toutes sortes de fleurs. Ordinairement c'est de la base de l'Embrion du fruit lors qu'il est contenu dans la fleur, soit qu'elle ait plusieurs petales ou qu'elle n'en ait qu'un, pourveü que les decoupures de celui-ci s'étendent jusque vers son centre. Quelquesfois aussi, ces organes partent des reins de l'Embrion, comme dans le Grand Nenufar-blanc. [a] *Si la fleur porte sur l'Embrion, qu'elle soit a calice & polypetale, ces mêmes organes sortent, ou de la teste de l'Embrion, ou de l'ongle des petales, ou des espaces vuides qu'ils laissent entr'-eux ; ou enfin de la surface interne de la partie du calice qui couronne l'Embrion.*

Mais quand la fleur est d'une seule piece decoupée peu profondement, soit qu'elle contienne l'Embrion ou que l'Embrion la soutienne ; ces organes naissent presque toûjours des parois interieurs de la fleur ; & je ne sçache pas qu'ils s'ecartent de cette regle, si ce n'est au Cabaret [b] *ou ils forment un collier sous le pavillon de la trompe, ainsi que dans l'*Aristoloche *& au dessus des Ovaires des* Pieds de veau [c] *d'Europe ; mais les fleurs de ces deux derniers genres sont entieres & sans lobes. A l'égard des fleurs qui ne sont faites que pour contenir les seuls organes masculins, on conçoit assez que ces organes ne peuvent être attachez que dans la concavité de ces fleurs.*

Comme les queuës des testicules tiennent tout a fait de la nature des petales, il arrive fort souvent que dans quelques espèces de certains genres a fleurs polypetales, elles se travestissent en petales même pour former ces agréables monstres

[a] Nymphaea alba major. [b] Asarum. [c] Arum.

qu'on

... *plantis*, *flofculofis*, *femiflofculofis*, & *radiatis*, animadvertis, inquam, id quod fit dictur nunc *Tu-*... nunc *Vagina*, nihil aliud effe, quam caudas perfecte junctas, intimeque unitas. Id quod ... certe commune accedit petalis quorundam florum, quae, quod Succulenta ... mantur carnofaque materie, aut compreffa nimis fint ... invicem in ipfo calice, tam arcte conglutinantur in-... fe, ut polypetalorum loco flores forment monopetalos.

Non femper idem locus in omnibus florum fpeciebus habetur, unde originem nancifcuntur fuam mafculina organa. Frequentiffime a vafis Embryonis fructus, quoties intra florem ille continetur, five polypetalos, five monopetalus ... fed cujus fegmenta ufque ad centrum ejus fe porri-... Eft & ubi organa haec oriuntur de Lumbis Embryonis, ut in nymphaea alba majore obtinet. Si flos Embryonem nafcitur, calicemque poffidet, & plura habet ... eadem organa nafcuntur vel ex capite Embryonis, aut ex ungue petalorum, vel ex fpatiolis vacuis intra petala relictis, aut denique a fuperficie interna partis illius calicis, quae Embryonem coronat.

Quande vero flos monopetalus parum profunde fectus, flos Embryonem contineat, five Embryo eum fuftineat, organa haec fere femper a parietibus internis floris; neque ab hac ea lege recedere novi; nifi *Afarum* exceperis, in quo forment orbiculum collaris inftar fub latiori inferiori ... parte Tubae, ut & in *Ariftolochia*, & fupra ovaria ... Europaei: fed binis hifce poftremis flores integri abfque lobis: quod tandem attinet ad flores, qui nati modo funt continendis folis mafculinis organis, fatis intelligitur, haecce organa affigi haud poffe nifi cavitati ipfius floris.

Quemadmodum caudae tefticulorum vere referunt petalorum naturam, faepe inde evenit; ut in quibufdam certorum generum fpeciebus florum polypetalorum transformentur in petala, ipfa ut amabilia forment monftra, quae

B 3   tanta

qu'on éleve avec tant de foin fous le nom de fleurs doubles
parmi lefquelles on ne rencontre que peu ou point de tous
teſticules : ces marâtres les devorant, pour ainſi dire dès le
berceau, en s'appropriant toute leur nourriture.

Mais ces gloutonnes n'en demeurent pas là. Egalement en-
nemies de tout ſexe, apres s'être défaites de l'un, elles atta-
quent auſſitôt l'autre ; & l'affamant peu à peu, le font enfin
mourir en langueur. De là vient que ſes ſemences avortent
& qu'il eſt rare d'en trouver de bonnes dans les infortunez
fruits de ces ſuperbes fleurs.

Les Ovaires, que Malpighi nomme Matrices, & que l'Autheur des Inſtitutions de Botanique & ſes Partiſans appellent
à tort où à travers, tantôt piſtiles & tantôt calices, ſont les
organes feminins des plantes. L'uſage en eſt trop connuë pour
m'y arrêter, & leurs figures trop diverſes pour en faire ici
la deſcription. Il ſuffira de dire, que les ſemences qui ſont de
veritables œufs, s'y nourriſſent juſqu'à leur parfaite maturité, & de Vous avertir que je diviſe ces organes en panſe &
en coû, ou ſi l'on veut, en corps & en trompes.

Le corps ou la panſe, qui eſt la partie inferieure de l'o-
vaire, bien loin d'être toûjours renformée dans la fleur,
comme par exemple, dans les plantes cruciferes, n'en eſt
ſouvent que le ſupport, comme dans les Pomiferes, dans les
Umbelliferes, dans la plus part des Liliacées, des Cucurbitacées &c. Au lieu que les trompes qui la couronnent &
la terminent, en quelque endroit qu'elle ſoit placée, ne man-
quent jamais d'être contenues dans la fleur. Preuve évidente que la fleur eſt uniquement faite pour la conſervation des
organes tant de l'un que de l'autre ſexe, & nullement pour
la préparation des ſucs qui doivent ſervir de premiere nourriture à l'embrion du fruit, qui n'en tire que de ſon ſupport ou pedicule qui eſt auſſi celui de toute la maſſe de la
fleur.

Pour revenir aux trompes qu'avant & depuis Malpighi
perſonne ne s'eſt aviſé de bien diſtinguer de la panſe de l'ovaire, & qu'on ne nous deſigne de fois à autres que ſous des noms

va-

tent educantur curâ titulo *florum plenorum*; in quibus raró vel nunquam testiculos videre licet. Injustae quippe hae crudelesque novercae ab ipsis raptos cunis devorant eosdem, sibique rapiunt avidae omne illorum pabulum.

Neque tamen voraces hae vel sic quiescunt : imô verô aeque inimicae cuicunque demum sexui, postquam uni jam exitiales factae, mox alium pariter aggrediuntur, lentâque sensim fame consumentes mori denique prae languore cogunt. Hinc semina horum infoecunda abortiunt, raróque sit, ut frugifera reperias inter malè fortunatos superbientium florum horumce fructus.

Ovaria Malpighio dictae *Matrices*, quaeque Auctor institutionum rei Herbariae, Ejusque sequaces, rectê vel secus, modô *Pistilla*, modo appellant *Calices*, organa sunt Plantarum foeminina. Usus horum innotuit nimis, quam me ut remoretur, nimisque Variae reperiuntur figurae eorundem, quam ut describantur hîc loci; sufficiet dixisse, semina, quae vera sunt ova, ibi nutriri in maturitatem perfectam usque, Vosque monuisse me dividere organa haec in *Ventrem Collumque*, aut, si placet, in *Corpus & Tubas.*

Corpus vel *Venter*, quae inferior ovarii pars, nequaquam semper inclusa flori habetur, ut exempli gratiâ in plantis *Cruciferis*; contrâ verô saepe sustentaculum modô floris apparet, ut in *Pomiferis*, *Umbelliferis*, plurimis *Liliacearum* & *Cucurbitacearum*, &c. Quum interim Tubae, quae haec coronant, terminantque, quocunque demum loco ovarium situm sit, semper intra florem comprehendantur. Manifesto equidem indicio, florem in conservationem organorum sexus utriusque natum modô esse, nequâquam verô in praeparationem succorum, qui nutrimentum primum praebent Embryoni fructus : nec enim aliud hic pabulum capit nisi â pedunculo suo vel sustentaculo, quo simul alitur fulciturque totum integri floris corpus.

Ad Tubas ut redeam, quas ante & post Malpighium, nemo in animum induxit bene distinguere â ventre ovarii, quaeque quotidie nobis vix designantur, nisi vagis sub nomini-

vagues, *comme de* houpes *dans le* Safran; [a] *d'aigrette* dans *l'ozeille*; [b] *de* feüilles *dans la Flambe*; [c] *de* clous *dans la* Fleur *de Paſſion*; [d] *de* chapiteaux *dans le* Pavot; [e] *de* filets *dans le* Mais *&c. & aux quelles on ne donnoit pour toute occupation que le ſoin de décharger les jeunes fruits & les embrions de graines, de leurs ordures ou excremens, quoi qu'on ne laiſſat pas d'ailleurs, de Les faire aller de pair avec le* piſtile *ce fameux Cheval de bataille pour lequel on leur faiſoit l'honneur de les prendre en pluſieurs occaſions. Ces trompes, dis-je, que je compare a celles de* Fallope, *en ce qu'elles tranſmettent aux petits œufs, non pas les grains de pouſſiere même qu'éjaculent ſur elles, ou dans leurs pavillons, les teſticules ou ſommets, comme le veut un Sectateur des viſions de* Leeuwenhoek *&* d'Hartſoeker, *mais ſeulement la vapeur, ou l'eſprit volatile qui ſe dégageant des grains de pouſſiere, va feconder les œufs. Car, je croi, Meſſieurs, qu'on doit être perſuadé que dans l'animal, ce n'eſt ni la matiere du maſle, ni ces pretendus vermiſſeaux ou animaux ſeminaires, qui operent dans la femelle l'œuvre de la fécondation, puisque le même* Malpighi, *au rapport d'un Anatomiſte moderne,* [f] *a reconnu que le* Fœtus *ſe trouve dans les œufs des Grenouilles & dans ceux des Poules avant la copulation, comme il eſt très-certain que le germe ſe rencontre dans les ſemences des Plantes qui n'ont point été fecondées, & avec le parenchyme deſquelles ce germe ne fait qu'un continu. Donc, ce ne peut être que cet eſprit volatil auquel la matiere groſſiere ſert ſimplement de vehicule. Or la nature agiſſant toûjours par des Loix uniformes, on doit conclure que ce qui ſe paſſe en cette occaſion dans les Animaux, ſe doit paſſer de même dans les* Vegetaux.

Suivant ce principe, il étoit fort inutile que ce zelé Leeuwenhoeckiſte *ſe fatiguat tant les yeux a chercher dans les* trompes *des plantes des conduits ſenſibles pour chârier dans chaque œuf un germe imaginaire; & qu'il aſſeûrât con-*

---

[a] Crocus. [b] Acetoſa. [c] Iris. [d] Granadilla. [e] Papaver. [f] M. Dionis Edit. 1715. p. 322.

minibus, ut scilicet in Croco vocantur *Capillamenta capitata & cristata*; *in acetosâ pappus*; *petala* in *Iride*; *Clavae* in *Granadillâ*; *Capitellum* in *papavere*; in *Mays capillamentum*. &c. quibus sanê cunctis id tantum negotii datur, ut liberent fructus Juniores, Embryonesque seminum, â sordibus suis excrementisque, licet aliàs habeantur pari ambulantia passu cum *pistillo*. Cum pistillo, inquam, decantatissimo amatissimoque objecto! in quo tam seriô triumphant. Pro quo saepius ut sumantur placuit Iis, qui tam splendido ea honore dignati sunt. Tubae igitur hae, quas Fallopianis comparo quod ad ova deferant non exigua ipsa illa pulveris foecundi grana, quae testiculi, aut apices super illas ejaculantur, aut in ipsarum excutiunt infundibulum, ut Sectator Leeuwenhoekianorum atque Hartsoekerianorum phantasmatum voluit, sed halitum modô, aut spiritum volatilem, qui pulvere hoc se expedit, ovaque ipsa foecundat. Credo enim, Auditores, persuasum certumque habendum, non materiem masculinam, nec vermiculos suppositios, vel animalcula seminalia, esse, quae impraegnationem in foemellâ absolvant: quia idem Malpighius, narrante Anatomico (Dionis. Edit. 1715. pag. 392.) recente, agnovit *foetum* reperiri in ovis ranarum, & gallinarum, ante copulam: ut & certissimum est, germen adesse in seminibus plantarum, quae non fuerunt impraegnata, quorumque parenchyma facit cum germine ipso continuum corpus. Non poterit igitur esse aliud quid, praeter volatilem hunc spiritum, cui crassior materies vehiculi modô vicem praestat simplicis. Naturâ verô semper easdem sectante leges, concludere oportet, id quod hâc occasione in animalibus contingit, idem & vegetantibus accidere.

Juxta haec principia, inutilis admodum est labor, quo Strenuus Ille Leeuwenhoekianae sectae propugnator semet fatigat, oculosque suos, ut quaerat in *Tubis* plantarum visibiles ductus, quibus vehatur in singula quaeque ova unum germen fictum; repugnatque veritati assertum, quo

C   pro-

*contre la verité, que pour le peu que l'on se veuille bien don-
ner la peine d'ouvrir les piſtiles (terme favori ſous lequel il
confond les trompes & les Ovaires)* on reconnoîtra tres-
diſtinctement qu'ils ſont toûjours ouverts a leur extremité,
& percéz plus ou moins ſenſiblement juſqu'a leur baſes.

On l'en auroit peu croire ſur ſa parole, ſi la plus part
des preuves qu'il en donne avec un peu trop d'aſſeûrance ne
le demantoient pas. Qu'on examine un peu les trompes du
Potiron [a] qui par leur énorme groſſeur devroient le mieux
quadrer a ſon idée, & l'on verra ſi elles ſont veritablement
telles qu'il depeint, & ſi au contraire, on ne les trouve pas
exactement bouchées a leur extremité & remplies dans leur
longueur, de même que la panſe de l'Ovaire, d'une ſub-
ſtance pulpeuſe & ſucculente, qui ne ſçauroit, ſans de tres-
grandes difficultez, permettre au moindre grain de pouſſiere,
de ſe gliſſer dans l'Ovaire.

A l'égard de la Pomme de Calvil [b], comme ſes trompes
ſont fort pointuës & auſſi deliées a proportion que celles du
Potiron ſont épaiſſes, il eſt hors de doute que leurs ouver-
tures & leurs canaux ne ſont pas plus réels, Et ſi l'on remarque des fentes, des cavitez, ou des foſſes au bout de
certaines trompes, elles n'y ſont pratiquées que pour en e-
tendre la ſurface & recevoir une plus grande quantité de
pouſſiere; a quoi ſervent pareillement les têtes ſongueuſes
& grenuës, les cornes, les filets, les houpes, les aigret-
tes, les panaches, les poils, le velouté &c. que l'on rencontre ſur diverſes troupes.

Mais quand on lui paſſeroit l'exiſtence de ces pretendus
conduits, & la poſſibilité de l'intromiſſion des grains de
pouſſiere juſque dans la capacité des Ovaires, en conce-
vroit-on mieux par ou ces mêmes grains predeſtinez entre tant d'autres, pourroient penetrer dans les œufs d'un
Ovaire qui n'auroit qu'une cavité, comme par exemple,
celui de la Primevere, ou les œufs ſont amoncelez ſur un
placenta, ſitué dans l'Ovaire a peu prés comme un fruit

a Melopepo. b Erythromelon magnum Pariſiacum J. B. L. 14.

a'Al-

profitetur, *fi parvo tantum labore aperiat quis piftillum*, (vocabulum Auctori huic acceptiffimum, quo confundit tubas & ovaria,) *diftinctiffime detecturum effe, femper illud ad extremitates fuas apertum, pertufumque, magis, minufve, ufque in bafin ipfam.*

Verbis Viri credula potuiffet adhiberi fides, nifi maxima pars argumentorum, quae confidenter nimis profert, falfitatis ipfam fententiam clare argueret. Examinet modo propius *Melopeponis Tubas*, quae ob enormem magnitudinem optime refpondent ideae illius, tumque apparebit, verêne ita fint quales depictas dedit, conftabitque, an non e contrario femper deprehendantur quam accuratiffime in fuis extremitatibus obthuratae, infarctaeque tota fua longitudine fimili pulpofa fubftantia ut ipfe *Ovarii venter?* Sane eam cernet talem, quae non fine maxima quidem difficultate minimum tranfmittat granulum pulveris illius, ut in ovarium fe infinuet.

Refpectu *Erythromelonis magni Parifiaci* J. B. I. 14, qui tubas habet valde acutas, tenuefque, fi fpectes Melopeponem, qui craffiores habet, certum eft, harum aperturas, canalefque, aeque parum vera haberi. Si autem fiffurae videntur, cavitates, vel foffulae, circa apices quarundam tubarum, non alia profecto hae gratia ibi natae, quam ut expanfa in amplam fuperficie abundantiorem excipiant copiam foecundi pulveris; cui eidem propofito pariter ferviunt fungofa capitula, & crenis incifa, cornicula, filamenta, pappi, capitula tomentofa, plumulae, cirrhi, villi, &c. quae faepe diverfis in tubis inveniuntur.

Quid fi concedatur Ipfi fictorum horumce ductuum praefentia, fimulque detur, poffibilem granorum pulveris defcripti admiffionem ufque in capacitatem ovariorum, an inde pulchrius intelligetur quonam pacto eadem grana inter tot alia deftinata poffint fe penetrare in ovula Ovarii una tantum cavitate donati, ut Ex. gr. in *primula veris*, ubi ovula omnia eidem placentae affixa fitae in ovario fer-

d'Alkekengi l'ét dans sa vessie, ou une bobeche dans une lanterne. Car alors, il faudroit qu'il arrivât necessairement de deux chose l'une, ou que ces grains cassassent la coque des œufs pour se pouvoir nicher dessous, ou que prenant une route plus longue, ils se coulassent entre ces œufs, qu'ils perçassent le placenta pour l'enfiler, & de la passer dans les œufs. Ces routes paroissent elles naturelles & bien pratiquables ?

Peut être me fera t-on la même objection a l'egard de ce que j'ai avancé touchant cette vapeur, cet esprit volatile, ou si j'ose me servir du terme de la Genese, de ce soufle, lequel sortant des poussieres, va vivifier, animer, & a l'aide du suc nourrissier, developer ces racourcis des plantes, ou les germes de leurs petits œufs. Mais la reponse est toute preste, la voici. Les trompes n'étant qu'un prolongement de la panse de l'Ovaire qui est une envelope composée de même que les tiges, de deux sortes de tuyaux ; sçavoir de ceux qui charient les sucs alimenteus, & de ceux qu'on nomme trachées, lesquelles, selon Malpighi, font dans les plantes, les fonctions de poulmons, il est aisé a ce soufle de s'insinuer par ces derniers vaisseaux qui se terminent a la surface des pavillons, laquelle surface est denué de la peau qui recouvre le corps des trompes ; il est, dis-je, aisé a se soufle de passer des trachées, d'abord dans la base du placenta qui perce le fond de l'Ovaire, ensuite le long de son corps spongieux, & dela se distribuer par les cordons umbilicaux, jusque dans chaque petit germe qui presente sa radicule au trou de la coque de l'œuf avec lequel s'abouche le cordon umbilical, pour recevoir de ce cordon & le soufle & la nourriture.

Qu'on épargne de tortures a son esprit, & de reproches à la nature, en s'en tenant a ce dernier raisonnement ! Qui est-ce qui pouvoit s'imaginer qu'un prisme a quatre faces devint la Pensée[*] ; un rouleau étranglé, la Bourrache ; un rein, la Jonquille ; qu'une croix se peut metamorpho-

[*] Viola species.

ser

me ut *Alkekengi* fructus intra fuam veficam, aut ut tubus can-
delam excipiens in laternâ. Oporteret enim eo cafu alterutrum accideret, aut nimirum, ut grana haec teftulam ovulorum frangerent ut fubtus nidularentur, aut, ut longiore
plane viâ irreperent inter ovula, perforarent *placentam*, ut fe
introducerent eô, indéque tranfirent in ova. Videntur ne hae
vobis viae naturae convenire, videnturne poffibiles effe.

Sed, forte, eadem mihi objectio movebitur Statuen-
ti Similia fere circa halitum illum, Spiritumve volatilem, aut, fi ita loqui fas fit phrafi Genefios, illum in-
cubantem flatum, qui pulvere illo exhalans, vivificat,
animat, atque ope fucci nutrititii explicat iftas in com-
pendia convolutas plantulas, aut prima germina exiguo-
rum ovulorum. In promptu eft refponfio; en illam.
Quum ipfae *Tubae* productiones fint ventris ovarii, qui
amictus eft, ut ipfi trunci, compofitus duplici tubulo-
rum fpecie, iis fcilicet, qui fuccum vehunt alimentitium,
iifque, quae appellantur Trachaée, quae, Malpighianâ
quidem Sententiâ, funguntur officio pulmonum, facile
itaque vapori illi halituofo ultimis his fe vafis infinuare,
quae terminantur in explicatâ fuperficie infundibuliformi
ovarii, illa verô fuperficies caret nuda illâ pelliculâ, quae
corpora tubarum ambit. Eft itaque expeditum fatis huic
halitui intrare, tranfire, has tracheas ilicô in bafi *placentae*,
quae perforat fundum ovarii, indéque per productum ejus
fpongiofum corpus fe penetrare, atque exin diftribuere fe
per Chordas umbilicales ufque in unumquodque parvum
germen, quod radiculam fuam offert teftulae ovi, cui per
anaftomofin unitur funiculus ille umbilicalis, ut per eum
accipiat & pabuli fuccum & halitum illum praegnantem.

Definant itaque crucem figere animo fuo! abfiftant ex-
probrare bonae Naturae errores! inhaereant ultimae huic
Sententiae! Quis, amabo Vos, Quis, inquam, imaginan-
do affequeretur unquam, prifma tetraedrum mutari in vio-
lam tricolorem? *convolutam arctè philyram* in Borraginem?
renem in Narciffum folio junci; *crucem* in Acer; *binos glo-*
bu-

ser en Erable ; deux boules de cristal étroitement collées l'une & l'autre, *en Grande consoude &c.* ? Ce sont cependant là les figures qu'affectent dans ces diverses Plantes leurs Embrions aux pieds poudreux. Et qui est-ce qui ne déchaîneroit pas contre des méres, qui n'engendreroient tant de si beaux Enfans que pour le plaisir de les perdre par aprés sans ressource, & confier au caprice du hazard, le soin d'en sauver seulement quelques uns. Car enfin, l'on voit des fleurs qui aiant jusqu'à vingt cinq ou trente étamines (comme la plûspart de celles des fruits à noyau) ne contiennent cependant qu'un seul œuf. Que de germes détruits! c'est ce que je laisse à supputer par le prodigieux nombre que chaque sommet en expulse, ou par ce qui en reste dans son sein d'où il n'est pas toûjours nécessaire que ces grains de poussiere dénichent, si ce ne sont ceux des fleurs steriles ; car ces derniers devant être chariez par l'air sur les fleurs fertiles, s'envolent tous, soit par leur secheresse & legereté naturelle ; soit par la rude & brusque secousse qu'ils reçoivent de la forte contraction de leur capsule ; Au lieu que ceux des fleurs où se rencontrent les deux sexes, pour se trouver tout portés sur l'objet desiré, sont en comparaison des autres, de vrais culs de jatte, qui aprés s'être énervez par de longs & doux écoulements de leur soufle prolifique, restent en partie dans leurs capsules beante, ou se qui s'en accroche aux trompes, y demeure & se desseiche avec elles.

Mais avant que de sortir de la poussiere, il faut que je rapporte une observation qui seule suffit, ce me semble, pour culbuter le systeme ingenieux de celui qui a tant pris de plaisir à la faire voler sans qu'il m'en soit entré le moindre grain dans les yeux. Qu'on examine bien le Papaver Orientale hirsutissimum, flore magno. Cor. J. R. Herb. 17. si aprés que la fleur de cette plante est épanoüie l'on en ouvre l'ovaire transversalement, ou de base en haut, on trouvera que les feüillets de son placenta & les petits

œufs

[...] *stalliror. anct tiffurd [...] se in oratoriam [...] Capsulidum majorem? &c. [...] figuræ sunt, [...] gerunt Embryones in diversis plantis, ad [...] pulverula [...]. Quis tandem ille, qui hos in velleretur quam viderint [...] in [...], puellulos adeo liberos quos parerent [...] am [...] postea cum voluptate eosdem nutricem, absque ulla [...] novæ nativitatis, æque committerent soli fortunæ [...] ti curam servandi quam paucissimos? Ennuvero, flores videmus, qui habentes ad viginti, imo telginea quandoque, [...] ira, ut pleræque earum pars, quæ fructum gerant of [...] focetum [...] putamine, tamen uno modo ovulo [...]. Quantum hic [...] destruitur? Suppoto [...] id [...] inde ex prodigioso numero, quem apiculo [...] quilibet capellit, vel ex eo, qui restat in sinu testicu [...], unde ut [...] suum deferant omnia ipsa pulvera [...] quæ, accessorium semper non habetur, nisi in *florious floribus Sterilibus*. Postrema quippe hæc, per aerem quam [...] sint ad *flores fertiles*, cuncta avolant, sive ariditate id naturæque contigerit levitate, sive rudi fiat & imperiosa concussu accepto à violentà capsularum contractione. Verum contrarium obtinet in germinibus florum, qui utrumque sexum habent; ut enim tota feruntur in amarum obje-ctum, ratione habitâ priorum, verè sunt mutilata corpora, quæ postquam enervavit semel diuturno, dulcique halitus soboliferi affluvio, partim suis in loculis moratur hitilcis, aut partim affixa tubis hærent, in iis manent, conque iis-dem ibidem exarescant.

Antequam verò os hoc in pulvere expediam, oportet ad-feram observationem unicam modo parem destruendo, ut opi-nor, subvertendoque ingenioso Systemati Auctoris, Cui iam volupe fuit excitare tantum volitantis pulveris, cujus tamen mihi ne minimam quidem in oculos insilit granulum. Exami-na ter rite *Papaver, orientale, hirsutissimum, flore Magno Tomo Cor. R. Herb.* 17. Ccrit, si, aperto prius expansoque flore hujus plantæ, ovarium ejusdem perpendiculari inciditur sectione, sive à basi in verticem, reperiuntur lamellæ *Placentæ*,

                                                              par-

œufs qui les couvrent, sont blancs, quoique les trompes
soient cependant toutes imbibées de la teinture que leur suc
a tiré des grains de poussiere qui s'y sont épanchez. D'ou
l'on doit inferer qu'il n'en entre aucun grain, ni dans ces
feüillets, ni dans les œufs : car s'il étoit vrai qu'il y en
entrât, on ne pourroit les y perdre de veüë, tant a cau-
se de leur couleur d'Indigo ; que par la quantité qu'il en
faudroit pour la multitude d'œufs dont ces feüillets sont
chargez de part & d'autre.

Au sur plus, le public doit être obligé a cet habile Phy-
sicien, 1o. De ce qu'ayant reconnu par des observations tres-
exactement faites dans le Cabinet, que la seule suppression
des poussieres étoit capable de faire avorter les fruits, cou-
ler la Vigne, nieller, échauder, brusler & ergoter les
Bleds, il l'a si heureusement tiré de cette erreur rustique,
qui lui faisoit attribuer tant de facheux evenements, aux
pluies froides, a la fraicheur de la terre, a la gelée, aux
broüillards épais & puants, & enfin a des coups de Soleil,
tout meurtriers, disoit-on, qui après avoir engourdi la se-
ve, pincé, étranglé, cauterisé, & déchiré ses vaisseaux,
alteré & detruit totalement la tissure & la substance de
ces delicats Embrions, les faisoient a la fin miserable-
ment perir.

2o. De ce que ne s'étant point encore apperceü que les
œufs des Poulles qui vivent dans le celibat & la conti-
nence, doivent (a l'instar des fruits qui n'ont pas été en-
grossez de ce tout-puissant grain de poussiere,) être moins
gros, moins pleins, & moins bons a manger que les autres, il prendra d'oresnavant un grand soin de donner de
bons masles a ces chastes femelles, afin d'avoir d'excel-
lents œufs.

Je reviens aux differents sexes des Plantes. Comme tout
le Monde sçait qu'ils ne se trouvent pas toûjours rassem-
blez dans une même fleur, & qu'au contraire, l'un est
souvent separé de l'autre, tantôt sur le même individu,
tantôt sur des pieds differents, j'ai creü a cette occasion
devoir

parvaque iis adhaerentia ova, candida, licet interim tubae sint tinctae penitus pigmento, quod succus earum hauserit ex granis pulveris diffusi supra tubas. Unde concludere oportet, ne unicum sane granum ingredi nec lamellulas placentae, neque vel ova ipsa: Si enim intrasse haec esset verum, possent profecto visu satis ibidem deprehendi, tam ob colorem Indicum, quo splendent, quam propter copiam eorum numerosam, quae requireretur impraegnandis tam multis ovis, quibus oneratae sunt ab utraque parte lamellae ovarii.

Denique de Publico optime meruit Egregius hic Physicus; Primo quidem, quod expertus, per observationes curatissime in musaeo captas, solam Suppressionem pulverum horum aptam esse natam ut abortire cogat fructus, stillare vites, ustilagine perire, percoqui, exuri, & marasmo arescere, fruges Cereales; feliciter liberavit homines ab eo errore rustico, quo tribuebantur infausti hi eventus frigidis imbribus, frigori telluris, gelu, nebulis spissis putridisque, denique ardori Solis exitiali, qui, ut ajebant, torpido reddito prius humore nutrititio, comprimit, Suffocat, comburit, lacerat, vascula, immutat, destruitque, penitus texturam, molemque tenellorum Embryonum, miseraque tandem morte eos enecat. Sed & eo quoque nomine obstrictum sibi hominum genus reddidit, quod ignarum prius, ova gallinarum in coelibatu viventium & abstinentia debere esse minus magna, minus plena, minusque apta mensis quam alia, (instar fructuum non impraegnatorum omnipotente grano pulveris) in posterum curam geret, ut mares salaces copulent castis hisce foemellis, sicque ova habeant optima.

Redeo ad sexus plantarum diversos. Notum quum sit omnibus, haud semper unitos reperiri in uno eodemque flore, contra vero hunc saepe remotum ab altero esse, quandoque super eadem planta, quandoque diversis plane in Stirpibus, crediderim hac occasione

D   tres

devoir établir de trois sortes de fleurs, sçavoir de Masles, *de* Femelles *& d'*Androgines *ou* Hermaphrodites ; *nous qu'un doux & officieux Echo* [a] *a bien voulu repeter (au moins les deux premiers) dans une Royale assemblée, pour les transmettre par avance à la posterité ainsy que quelques autres particularitez qu'il n'a pas si fidellement rapportées ; quoy qu'on ne lui en eût pas fait plus de mystere, croyant bonnement qu'il n'appartenoit qu'au Corbeau de la fable, de se parer des plumes du Geay. Mais à Dieu ne plaise que je veüille revendiquer ces particularitez si defigurées & lui envier la moindre de toutes les jolies choses qu'il a butinées par ci par là dans les autheurs pour en grossir ces observations ; on lui abandonne de bon cœur les unes & les autres pour s'en tenir à la pure nature, seul livre qu'il faut feüilleter pour n'être pas trompé & pour n'en imposer à personne.*

Les Fleurs Masles *que les Botanistes modernes nomment* Steriles *ou* Fausses-fleurs, *sont celles qui ne contiennent que les organes masculines dont j'ai parlé.*

Les Femelles, *que ces mêmes Botanistes appellent* Fleurs noüées, *ou* Fleurs à fruit, *ne renferment que l'ovaire ou seulement les trompes qui, comme j'ai desja dit, sont les parties superieures de cet organe feminin.*

Et les Fleurs Androgynes *ou* Hermaphrodites *auxquelles ils n'ont point donné de nom, sont enfin celles ou les deux sexes se trouvent conjointement.*

Je passe aux calices *qui n'estant point des parties essentielles aux fleurs, ne se rencontrent pas aussi dans toutes. Ainsi je nomme les unes* Fleurs à calice, *ou* Fleurs complettes, *& les autres,* Fleurs sans calice *ou* Fleurs incomplettes.

On entend assez que le calice est à la fleur, ce que la fleur est aux organes de la géneration ; c'est à dire qu'il lui sert principalement d'envelope, surtout lors qu'il est de plusieurs pieces : car entre les calices d'une seule piece, il s'en voit de si courts, qu'ils ne peuvent servir que de doüille & d'emboiture à la partie inferieure de la fleur, pour l'assujetir & l'affermir en place.　　Cela

[a] l'Autheur des observat. sur la structure & l'usage des principales parties des fleurs.

tres me debere Stabilire florum fpecies, *Mares* fcilicèt, *Foemellas*, & *Androgynas* feu *Hermaphroditos*, nomina, quae fuavis officiofufque defcriptor lubens repetivit, priora certê bina, in confeffu Academiae Regiae, ut eadem praematurè tranfmitteret pofteritati, ut & alia quaedam fatis fingularia, quae tantâ quidem fide non recitavit, licet fanê neque haec ipfum celaffem ut myfteria quaedam. Credideram etenim bonâ fide non decere nifi Corvum fabulae ut fe ornaret plumulis Graculi. Sed prohibeat Deus, ne mihi vindicare velim fingularia quaeque adeô deformata, neve invideam ipfi quidpiam elegantiarum, quas hinc inde rapuit, compilavitque, ex Auctoribus ad augendas obfervationes! Liberali unum alterumque animo fuo haec Auctori cedimus ut uni inhaereamus Naturae, uni fcilicet libro, quem verfare oportet unum quemque, qui nec falli cupit, neque ftudet decipere.

Flores mafculi, quos Botanici Recentiores *Steriles Spuriofve flores* appellant, funt illi, qui fola organa mafculina continent, de quibus jam dixi.

Foemellae flores, quos Botanici *Flores proliferos* vocant vel *Fructiferos*, fola comprehendunt *ovaria*, aut folas *Tubas*, quæ funt, ut modô explicui, Superiores organi foeminini partes.

Androgynæ autem, vel *Hermaphroditi flores*, quibus fingulare haud dederunt nomen, funt denique illi, ubi bini fexus uniti in uno Flore apparent.

Ad calices tranfeo, qui quum non fint partes ad floris naturam abfolutè requifitae, ideô neque in omnibus deprehenduntur floribus. Appello propterea hofce *flores calice inftructos*, aut *flores completos*, alios verô *flores calice carentes*, aut *incompletos flores*.

Satis intelligitur, calicem id praeftare flori, quod flos genitalibus; fcilicet fungitur integumenti officio imprimis, praecipuê quoties in multas partes divifus habetur. Namque inter calices unâ modô conftructos continuatâ fabricâ, apparent adeô curti quidam, ut infervire nequeant nifi loco tantum Suftentaculi; aut pyxidatae bafios, floris parti inferiori, ad eum fuftinendum, fuâque firmandum in fede.

Quo

Cela passé, il s'agit presentement, Messieurs, de Vous donner des expediens pour connoître au premier coup d'œil si le calice est d'une seule piece ou de plusieurs; car faute de Methode, les plus grands maîtres s'y sont souvent trompez ainsi qu'à l'égard des fleurs.

On connoît que le calice est d'une seule piece (bien qu'il ne le paroisse pas, étant decoupé jusqu'à sa base) si en tirant un de ses lobes, il fait resistance, & se déchire plûtôt que de se détacher nettement du pedicule. On le connoîtra encore mieux, si l'on s'apperçoit que ce calice subsiste après que la fleur est tombée; car les calices de plusieurs pieces n'étant que contigus, collez, ou articulez, pour ainsi dire, avec le pedicule, tombent ordinairement, ou avant la fleur, comme au Pavot, à la Chelidoine &c. ou en même temps, ou immediatement après, comme à la Renoncule & aux plantes cruciferes. Au lieu que les calices d'une seule piece, s'usent plûtôt que de se détacher de leur support où ils sont continus, n'en étant proprement que des prolongemens & des expansions. Ainsi on rangera doresnavant parmi cette derniere sorte de calice, ceux de Telephium, d'Helianthemum, d'Androsaemum, d'Hypericum, d'Ascyrum de Ruta de Paeonia de Linum, d'Alsine &c. qu'on veut nous faire passer pour calices de plusieurs pieces.

Si le calice couronne l'Ovaire ou l'Embrion du fruit, ce qui est la même chose, il est hors de doute, qu'il est d'une seule piece, & qu'il ne fait qu'un corps avec cet Embrion. Donc les calices de Circæa & de Chamænerion qu'on dit être de plusieurs pieces, ne sont que d'une seule.

On doit encore compter que le calice est d'une seule piece, lorsque la fleur l'est aussi: Et on ne voit guere de calices à plusieurs pieces qu'aux plantes que j'ai desja nommées qui sont les Cruciferes, aux vrayes especes de Renoncules, au Pavot, au Glaucium, au Corchorus, au Chelidonium, à l'Hypecoon, au Leontopetalon, à l'Epimedium, à la Christophoriana & à quelques unes dont l'Ovaire s'ouvre en valise

Quo' posito, id agitur, Auditores, ut Vobis ea proponantur quae expediant rationem, quâ primo obtutu cognoscatis, Sitne calix unâ constructus, pluribusve partibus : defectu namque methodi Principes in Arte Magistri saepe numero decepti sunt, aequê ac floribus ipsis.

Scitur unâ parte constare calix, licet talis non appareat, utpote divisus usque ad basin, si trahenti unum loborum resistit, faciliusque dilaceratur, quam ut patiatur integrê se divelli à suo pedunculo. Item clarius adhuc id cognoscitur, si advertitur calicem persistere flore jam delapso ; calices enim polyphylli, quum modo contigui sint, conglutinati, aut articulati, ut ita loquar, suis pedunculis, frequenter facilê cadunt, aut ante florem, ut in *papavere*, *Chelidonio*, &c, aut eodem, aut statim subsequente, tempore, ut in *Ranunculo plantisque Cruciferis*, quum contra calices monophylli plerumque consumantur magis, quam ut semet à sustentaculo suo separent, quocum continuati sunt, utpote quum propriê sint tantum pedunculi sui productiones, expansionesque. Ordinabimus igitur deinceps in serie posterioris Speciei calicum, perianthia *Telephii*, *Helianthemi*, *Androsaemi*, *Hyperici*, *Ascyri*, *Rutae*, *Paeoniae*, *Lini*, *Alsines*, *&c*, quos nobis persuasum volunt calices esse polyphyllos.

Si calix ovarium coronat aut Embryonem fructus, quod unum est idemque, certum est, esse monophyllum, unumque cum Embryone corpus constituere. Calices ergô *Circaeae & Chamaenerii*, quas polyphyllos vocant, monophylli tantum habendi erunt.

Putare quoque decet, calicem monophyllum esse, quoties monopetalus flos est : neque fere polyphylli inveniuntur calices, nisi plantis jam Statim enumeratis, *Cruciferis*, *Ranunculis Veris*, *Papaveri*, *Glaucio*, *Corchoro*, *Chelidonio*, *Hypecoo*, *Leontopetalo*, *Epimedio*, *Christophorianae*, & quibusdam, quarum ovarium se aperit

D 3   in-

life c'eſt a dire d'un bout a l'autre, & d'un ſeul côté, ſoit
que cet ovaire ſoit ſimple ou compoſé; Et alors la couleur
de leurs calices, qui juſqu'a preſent, ont été pris pour
leurs fleurs, eſt ſemblable a celle des petales de ces mêmes
*fleurs. C'eſt ce qu'on remarque dans l'*Aconitum, *le* Del-
phinium, *la* Nigella, *l'*Aquilegia &c.

Si l'on demande pourquoi toutes les fleurs n'ont point de
calice, on repondra que celles qui ſont d'une conſiſtence
épaiſſe, ou charnuë, ainſi que les teguments de leurs ovai-
res, comme en la plûpart des Plantes Liliacées, a la Pulſa-
tilla *&c. n'en avoient que faire, étant de leur nature a l'é-*
preuve de tout évenement. Et que le Createur dont l'infi-
nie ſageſſe éclate & ſe fait admirer juſque dans ſes plus
petits ouvrages, n'en a donné de bien marquez qu'a trois
ſortes de fleurs. 1°. *a cellez qui pour être trop minces &*
trop delicates, comme au Pavot, *au* Ciſte *&c. n'auroient*
peû ſans cette eſpece de ſurtout, reſiſter aux moindres in-
jures du temps, 2°. *a celles qui pour avoir des petales*
trop courts & trop étoits, auroient expoſé a nud des or-
ganes analogues à ceux que la pudeur veut abſolument que
l'on cache, leſquels ſe feroient fletris & uſez avant que de
*pouvoir ſervir. Telles ſont les fleurs de l'*Elleborus niger,
*de l'*Aconitum *de la* Nigella *&c.* 3°. *Enfin il en a pourveû*
tout de celles dont la cheûte auroit indubitablement été ſui-
vie, de la perte des Ovaires, *qui pour ſe trouver compo-*
*ſez & tres foiblement attachez autour d'une eſpece d'*Axe,
comme dans les Plantes Aviferes *ou* Labiées, *dans les* Borraginées, *dans une partie des* Malvacées *&c. ſe feroient dèta-*
chez au moindre ébranlement, s'ils n'euſſent été appuïez ou
addoſſez d'un calice; ou qui pour être d'une étoffe fort legere,
comme au Geranium *a la* Mauve *&c; auroient bientôt pe-*
ri par trop de chaud ou trop de froid, ſans l'abry de ce rem-
part, qui le plus ſouvent eſt double dans les plantes Malvées.

Après vous avoir donné des moyens pour bien demeſler les
calices d'une ſeule piece d'avec ceux de pluſieurs pieces, je
vais vous dire preſentement comment on peut diſcerner les
fleurs monopetales des polypetales.   *Si*

instar Cistellae bivalvis, ab uno scilicet in alterum extremo, atque ab uno solum latere, sive simplex id ovarum sive fuerit compositum; tumque color calicum, qui hactenus florum loco habiti, colori petalorum est similis eorundem florum. Id in *Aconito*, *Delphinio*, *Nigellâ*, *Aquilegiâ* &c. observatur.

Roganti, cur omni flori calix haud adsit? respondetur, eos, quorum crassa, carnea, materies, ut & tegumenta ovariorum eorundem, ut in plurimis *plantis Liliaceis*, in *Pulsatillâ*, &c. obtinet, non egere calice, utpote suâ jam naturâ satis fortes eventus quosque sustinere, Creatoremque, Cujus infinita Sapientia fulget, suique admirationem excitat usque in minimis opusculis suis, haud impertiisse perianthia nisi tribus solummodo florum Speciebus. 1. iis, qui ob tenuitatem nimiam & teneritudinem, haud valuissent ferre absque calicis adminiculo vel levissimas aëris injurias ut in *Papavere & Cisto* &c. 2. iis, quibus ob nimiam petalorum parvitatem, brevitatem, gracilitatemque, organa similia iis, quæ pudor naturalis absolutè tegenda praecepit, nuda exposita fuissent, sicque consumta fuissent & emarcida anteaquam suo poterant fungi munere. Tales sunt flores *Hellebori Nigri*, *Aconiti*, *Nigellae* &c. 3. denique donavit calice omnes, quorum caducus lapsus necessariò traxisset secum perditionem ovarii, quod quùm nimis multas partes componentes, debiliterque valde nexas ad ambitum axis cujusdam, haberet, ut in *plantis Aviferis*, aut *Labiatis*, in *Borragine*, in aliquâ *Malvacearum*, minimo certè impetu, concussuve suâ excidisset sede, nisi suffultum fuisset aut investitum calice: aut quod, ob materiem nimis levem, ut *Geranio*, *Malva*, &c. citò periisset nimio calore, aut frigore, sine defensione hujus propugnaculi, quod quàm frequentissimè geminatum habetur in *Malvaceo* genere.

Adjumentis igitur Vobis praestitis, quorum beneficio calices ritè extricare possitis & secernere monophyllos à polyphyllis, aggredior jam Vobis dicere, quonam modo distinguere fas sit polypetalos a monopetalis floribus.   Quo-

Si les fleurs sont incomplettes ou sans calice qu'elles subsistent, s'accroissent, & servent d'envelope au fruit après la cheûte des étamines, il est constant qu'elles ne peuvent être que d'une seule piece, & par conséquent que de simple prolongements de leurs pedicules, encore qu'on nous les donne la plûpart pour des corps composez de plusieurs pieces. Telles sont les fleurs de Beta, *d'*Acetosa, *d'*Atriplex, *de* Spinacia, *de* Mercurialis, *de* Kali, *de* Veratrum, *d'*Amaranthus, *de* Potamogeton *&c.*

Le contraire arrive aux fleurs polypetales incomplettes, lesquelles se fletrissent & tombent ou avant, ou en même temps que les étamines, laissant l'ovaire a nud: comme celles de Tulipa, *de* Lilium *&c.*

Quand la fleur est complette & que son calice est de plusieurs pieces, la fleur l'est indubitablement aussy. Mais si le calice estant d'une seule piece, la fleur paroissoit l'être pareillement, alors pour prononcer juste, il faut avoir recours a l'origine des étamines : car si elles partent des parois de la fleur, c'est une marque asseûrée qu'elle est monopetale, comme celle de la grande Gentiane : *au lieu que si elles sortent immediatement de la base de l'ovaire, c'est signe que la fleur est polypetale. Donc il faut rapporter la fleur de* Ficoides *parmi les polypetales quoiqu'on l'ait mise * au rang des monopetales.*

Dans les fleurs masles, ainsi que dans les Hermaphrodites, le nombre des testicules ou étamines, n'est pas d'un petit secours pour débroüiller les monopetales des polypetales; les premiers n'ayant communement qu'autant de testicules que de découpures : comme dans les fleurs des plantes Rubiacées, Borraginées *&c. Quelquefois elles en ont moins, comme les fleurs de* Veronica, *de* Ligustrum, *de quelques especes de* Jasmin *&c. Et je ne sçache guere que celles de* Styrax, *de* Cotyledon major, *d'*Arbutus, *de* Vitis Idæa, *d'*Erica, *d'*Acacia, *de* Mimosa,

d'In-

_____

a Mem, de l'Acad. R. des Sc. ann. 1705. p. 239.

Quoties incompleti funt, five calice deftituti, flo-res, fi perftant, crefcunt, fructibus integumenta dant, poft collapfa ftamina, femper funt monopetali, funt itaque tum fimpliciter producta pedunculorum fuorum, licet ut plurimum nobis exhibeantur ut corpora ex mul-tis partibus compofita. Tales funt flores *Betae*, *Ace-tofae*, *Atriplicis*, *Spinachiae*, *Mercurialis*, *Kali*, *Ve-ratri*, *Amaranthi*, *Potamogeitonis*, &c. *Polypetalis* au-tem *Floribus* contra evenit *non completis*, qui mar-cefcunt, caduntque ante, vel fimul, cum ftamini-bus, ovariumque relinquunt nudum, ut in *Tulipâ*, *Li-lio*, &c.

Quando *flos completus*, ejufque calix polyphyllus, fem-per, certôque & flos polypetalus erit, fed monophyllo ca-lice, fi flos quoque talis apparet, tum jufta ut feratur fen-tentia oportet recurrere ad ftaminum originem : fi enim oriuntur ex parietibus floris, certa haec nota eft floris mo-nopetali, ut in *Gentianâ majore*. Quum contra fiat, ubi oriuntur directê ex bafi Ovarii, id enim polypetali floris fignum habetur evidens. Quapropter decet *Ficöidis* flo-rem referre inter polypetalas, quamvis monopetalis infcri-pferint hactenus. Mem. de L' ac R. des fc. anno 1705. p. 239.

In mafculis pariter & hermaphroditis floribus, tefticulo-rum numerus aut ftaminum non parvi adminiculi eft extri-candis monopetalis ex polypetalorum ordine; quum mafcu-li flores frequentiffimê tot habeant tefticulos, quot incifu-rae fint: ut in plantis *Rubiaceis*, Borragineis, &c. quan-doque pauciores poffident, ut in floribus obtinet *Veroni-cae*, & *Liguftri*, quarundam *Jafmini* Specierum, &c. nefcioque praeterea fere nifi & *Styracis*, *Cotyledonis ma-joris*, *arbuti*, *Vitis Idaeae*, *Ericae*, *Acaciae*, *Mimofae*,

E   *In-*

d'Inga, & de quelques autres plantes Legumineuses
qui aient plus d'etamines que découpures. Au lieu que
le plus grand nombre des fleurs polypetales, tant celles
qui portent sur l'Ovaire, que celles qui le renferment,
soit qu'elles soient complettes ou incomplettes, ont plus
de testicules que de petales.   La fleur de Balsamina,
par exemple, a cinq testicules contre quatre petales;
celle d'Hippocastanum, sept contre cinq; celle de Car-
damindum & de l'Acer, huit contre cinq; celles des
plantes cruciferes, six contre quatre; quelque fois plus,
(ce qui est fort rare) mais jamais moins. Les fleurs
d'Herba Paris, de Geum, de Saxifraga, de Sedum,
d'Anacampseros, de Salicaria, d'Onagra, de Chamae-
nerion, de Geranium, de Ruta, de Fabago, de Tri-
bulus, de Fraxinella, de Caryophyllus, de Lychnis,
de Myosotis, de quelques Alsine, de toutes plantes Legumineuses papilionacées, de l'Oxycoccus, de l'Azedarach & d'Oxys, ont toutes une fois plus de testicules
que de petales. Celles d'Harmala en ont quinze contre
cinq; Et si du restant prodigieux de ces sortes de fleurs,
on en excepte seulement celles des Umbelliferes & de
quelque peu d'autres genres, dans lesquelles on rencontre les testicules & les petales en nombre égal, les
fleurs de tous les autres genres en ont pour ainsi dire,
des Legions.

A l'egard des fleurs monopetales Hermaphrodites dé-
pourvues de calice, j'en ai remarqué de quatre sortes
par rapport au nombre de leurs testicules comparé à celui de leurs découpures. Dans la premiere sorte, on
trouve moins de ceux-ci & plus de celles-la. Dans la
seconde, le nombre des uns & des autres est égal. Dans
la troisiéme, on compte une fois plus de testicules que de
découpures; Et dans la quatriéme sorte, le nombre de
ces organes masculins est encore plus grand que dans celles de la troisiéme.

De la premiere sorte, sont les fleurs de Valeriana,
de

Ingae, quarundamque aliarum *Leguminofarum* , quae plura ftamina poffident, quam incifuras; quum e contrario
maximus numerus polypetalorum florum, five Ovario in-
fiftant, five idem comprehendant, five completi fuerint,
five imcompleti, plures tefticulos habeant quam petala.
Flos *Balfaminae* ex. gr. quinque tefticulos, petala quatuor, habet; *Hippocaftani* feptem ftamina, quinque petala; *Cardamindi* & *Aceris* tefticulos octo, quinque petala; *Cruciferarum* fex tefticulos, petala quatuor, aliquan-
do, fed raro, plura; nunquam pauciora. Flores herbae
Paris, *Gei*, *Saxifragae*, *Sedi*, *Anacampferotidis*, *Sali-
cariae*, *Onagrae*, *Chamaenerii*, *Geranii*, *Rutae*, *Pyro-
lae*, *Fabaginis*, *Tribuli*, *Fraxinellae*, *Caryophylli*, *Ly-
chnidis*, *Myofotidis*, quarundam *Alfinarum*, omnium
Plantarum Leguminofarum Papilionacearum, *Oxycoc-
ci*, *Azedarach*, *Oxyos*; duplum habent tefticulorum ratione petalorum. *Harmala* quindecim ftaminula, quinque petala, gerit. Et fi ex reliquis numerofiffimis hujus fpeciei floribus, folas *Umbelliferas*, & paucas alias
aliarum fpecierum exceperis, in quibus reperiuntur
tefticuli petalis aequales numero, flores omnium
aliorum generum habent, ut ita loquar, legio-
nes.

Quoad flores monopetalos, Hermaphroditos calice de-
ftitutos, obfervavi eos ad quatuor poffe referri fpecies ratione numeri tefticulorum comparatorum cum fuis incifu-
ris. Prima quidem fpecies habet plures incifionis lacinias,
pauciores tefticulos. In altera vero aequalis eft utrorum-
que numerus. Sed numerat tertia duplum tefticulorum
refpectu fegmentorum. In quarta denique numerus organorum mafculinorum fuperat adhuc exceffu majore fectas
petali lacinias quam in tertia fpecie.

Primae fpeciei flores funt *Valerianae*, *Valerianel-*

E 2   *lae,*

de Valerianella , *de* Blitum , *d'*Alchimilla , *d'*Orchis , *d'*Elleborine ; *de* Calceolus , *de* Limodorum , *d'*Ophris , *de* Nidus avis, *& de plusieurs autres plantes Liliacées.*

De la *seconde sorte , sont celles de* Rhabarbarum , *de* Beta, *d'*Atriplex , *d'*Herniaria , *de* Parietaria , *de* Polygonum, *de* Fagopyrum, *de* Kali , *d'*Amaranthus *&c.*

De la troisiéme je ne connois encore que la fleur de Knawel *ou d'*Alchimilla *gramineo folio , majori flore J. R. H.*508.

Enfin entre les fleurs de la quatriéme & derniere sorte , sont surtout les fleurs de Tithymalus.

*Il ne faut pas finir , Messieurs , sans vous faire observer que lorsque les fleurs monopetales qui sont accompagnées de l'ovaire , ne sont pas des expansions continuës de la peau de leur support , elles sont toûjours percées dans leur fond. Et si cela n'étoit , comment voudroit-on qu'elles donnassent passage a cet ovaire ou a ses trompes ? On nous dit pourtant positivement , (dans une methode un peu trop ventée) que la fleur de l'*Androsace, *n'est point percée ; Et que celles de la* petite Centaurée, *du* Plantin , *de* Polygala *& du* Chevrefeüille, *sont fermées dans leur fond , bien que ces diverses fleurs soient a calice.*

Voila , en général , Messieurs , l'idée qu'il faut se former de la structure des fleurs , de leurs differences , & de l'usage de leurs parties.

Avant que d'en venir a la demonstration des Genres , j'en établirai toûjours le caractere conformement a la methode que j'aurois déja donnée au public , ainsy que mon Herbier des environs de Paris, *si mon peu de santé me l'eût permis. Car de pretendre avec un autheur celebre que la pluspart de ces Genres soient établis seulement par rapport à une structure bien ou mal entenduë des deux sortes de parties dont il s'est servi , & a certaines ressemblances qu'il s'est imaginé quelles ont avec des choses connuës auxquelles il les compare ; c'est en verité se*

mo-

lae, *Lilii*, *Alchimillae*, *Orchidis*, *Elleborines*, *Calceoli*, *Limodori*, *Ophridis*, *Nidi avis*, plurimarumque aliarum plantarum Liliacearum.

Rhabarbari, *Betae*, *Atriplicis*, *Herniariae*, *Parietariae*, *Polygoni*, *Fagopyri*, *Kali*, *Amaranthi*, &c. flores ad secundam pertinent.

Tertiae speciei solum florem *Knawel*, vel *Alchimillae Gramineo folio; flore majore*. I. R. Herb. 508. cognosco.

Quartae tandem ultimaeque speciei praeprimis sunt flores *Tithymali*.

Finem imponere non est mihi fas, Auditores, nisi prius vobis observandum hoc proposuerim, quod, quando flores monopetali, ovario uniti, non sunt nisi expansa, continuata, pellis superior sui sustentaculi, semper pertusi inveniuntur in suo fundo. Quod nisi contigisset, quânam viâ Pervenire possent seminiferi halitus in ovaria vel tubas. Affirmatur nihilominus satis confidenter, in methodo nimis paululum jactatâ, florem *Androsaces* imperforatum esse, *Centaurii* autem *minoris*, *plantaginis*, *polygalae*, *Caprifolii*, flores fundum habere omninô clausum, quamvis omnes hi, tam diversi flores, calicem habeant.

En, Auditores, ideam, quam habere decet fabricae florum, horum differentiae, ususque partium, quibus constant.

Antequam jam progrediar ad demonstranda plantarum genera, prius semper definiam Characterem juxta Leges Methodi, quam jam pridem evulgassem, ut & Botanicon meum Lutetianum, si fluxa mihi id concessisset mea valetudo. Velle enim ex mente Auctoris Clarissimi, maximam generum partem solidê stabilitam, idque respectu fabricae vel benê vel malê intellectae binarum partium, quibus Ille ad hanc rem usus fuit, & quarundam convenientiarum quas, comparatione institutâ, iis aliis rebus cognitis communes esse, finxit, id verô in re seriâ est ludere.

moquer. Et pour le peu qu'on fuive une methode qui ne roule que fur des principes fi vagues & fi paffagers, on en eft bientôt dégouté.

Auffi ne voit on que quelques brocheurs de nouveaux genres qui étant éblouis de fon riche clinquant, je veux dire, de la beauté & de la multitude de fes figures dont les trois quarts font inutiles, Et perfuadez par les temoignages authentiques de l'autheur, que cette methode eft excellente, qu'il n'eft guere poffibile d'en reduire d'autres en pratique, Et que c'eft la feule qui fe puiffe accommoder a l'ufage, on ne voit disje que ces Meffieurs, qui, pleins de confiance, ofent marcher de pied ferme dans ce champ encore plus heriffé de Ronces & d'Epines, qu'il n'eft furchargé de portraits de fleurs & de fruits. Eh, qui ne fe recriroit pas à l'afpect de toutes leurs meprifes!

Neque harum quis excolit modó methodum magis arbor & caducis libertati & licentiæ, quin tædio ejus studio illectum se experturus sit.

Sed & communium Textorum quidam noxorum generum in re herbariâ, quorum perstringit oculos mentemque suffusus divius oculi fplendor, pulchritudinem intellecti copiam florum, quarum fæ tresquartæ partes sint inutiles. Sed hi credulitatem suam addicunt proprio Auctoris testimonio, quo ipse severus dictitat: *methodum hanc suam excellentem esse; vixque possibile haberi aliam invenire usibus idoneam; hanc verò unicam esse illam, quæ usui apta sit & bonæ.* Certè haud alios videas, nisi hosce solos, qui confidentiâ inflati, ausint firmo incedere talo per campum. Carduis horridum magis spinisque, quam oneratum minùs & frustra florum imaginibus pictis & fructuum. Quis non obstupescat ad adspectum tot tantorumque errorum, quos toties committunt?

ETABLISSEMENT

d'un nouveau genre de Plante nommé

ARALIASTRUM,

duquel le fameux NINZIN *ou* GINSENG
des Chinois, eſt une eſpece.

Communiqué au deuxiéme Janvier 1718.
à Monſieur BOERHAAVE *Profeſſeur en
Medecine & Botanique a Leyde,
par* S. VAILLANT *Demon-
ſtrateur des Plantes au Jardin Royal de Paris.*

L'ARALIASTRUM *eſt un genre de Plante,
dont la fleur A* (ᵃ) *eſt complette,* (ᵇ) *reguliere, polypetale, & Hermaphrodite,
portant ſur l'Ovaire B. Cet Ovaire qui
couronne le calice qui eſt a pluſieurs poin-
tes, devient une baye D, dans laquelle
ſe trouvent ordinairement deux ſemences applaties, cou-
pées comme en rein, où en demi cercle, leſquelles repre-
ſentent conjointement une eſpece de cœur. Ajoutez, la tige ſimple, terminée par une umbelle, dont chaque rayon
ne porte qu'une fleur, & que cette tige eſt accolée au delà
de ſa moitié, comme celle de l'Anemone, par l'aſſemblage
circulaire des baſes de quelques queuës, du bout de chacu-
ne deſquelles partent pluſieurs feüilles diſpoſées en rayons
ou en main ouverte.*

(ᵃ) Voyés *Aralia* dans les Inſtit. r. h. Tab. 154.   (ᵇ) c'eſt a dire, garnie
d'un calice.

Les

CONSTITUTIO

Novi Plantarum generis, quod nominatur

ARALIASTRUM,

Cujus famosa NINZIN *aut* GIN-SENG
Chinensium species est.

Per literas communicata datas 2 *Januarii* 1718.
ad HERMANNUM BOERHAAVE *Professorem*
Medicinae & Botanices Lugduni Batavo-
rum per SEBASTIANUM VAILLANT
Demonstratorem Stirpium in horto
Regio Parisiis.

ARALIASTRUM genus est plantae, cujus flos A [a] completus [b], regularis, polypetalus, hermaphroditus innascitur ovario B. Ovarium hoc, quod calicem multis acuminibus ornatum coronat, fit bacca D, in quâ reperiuntur ut plurimum duo semina compressa, secta quasi in renis vel semicirculi formam ita, ut unita speciem cordis referant. Adde huic characteri caulem simplicem, qui in umbellam exit cujuslibet radii extremo unum modo florem gerentem. caulis supra medium suae altitudinis instar Anemones circumcingitur appositis in orbem basibus pedunculorum, quorum singuli in extremo suo gerunt folia plura in radios digesta, aut in speciem expansae manus.

[a] Vid. *Aralia* Inst. R. Herb. Tab. 154. [b] Id est calice donatus.

F   Spe-

Les especes de ce genre sont,

1. *Araliastrum Quinquefolii folio*, *majus, Ninzin voca-*
tum, *D. Sarrazin.* Gin-seng. des Lettres édifiantes & cu-
rieuses. Tom. 10. pag. 172.

2. *Araliastrum Quinquefoli folio*, *minus D. Sarrazin.*
Plantula Marilandica, foliis in summo cauliculo ternis,
quorum unumquodque quinquefariam dividitur, circa mar-
gines serratis. N°. 36. Raij Hist. 3. 658.

3. *Araliastrum Fragariæ folio*, *minus.* Nasturtium Marianum, Anemones sylvaticæ foliis enneaphyllon, floribus
exiguis Pluk. Mantiss. 135. Tab. 435. fig. 7.

Pour faire connoître en quoi l'Arialastrum differe de l'A-
raliá (⃰) *d'où derive son nom, il est a propos de joindre*
ici le caractere de ce dernier genre.

L'Aralia (a.) est tout à fait semblable a l'Araliastrum
par la structure & la situation de sa fleur, mais sa baye
contient ordinairement cinq semences disposées en rond au-
tour de son axe. D'ailleurs ses feüilles sont branchuës a
peu prés comme celles de l'Angelique; & les tiges qui, dans
quelques especes, sont nuës, & dans d'autres garnies de
feüilles alternes, portent plusieurs umbelles à leur sommité.

*Les especes d'*Aralia *sunt,*

1. *Aralia caule aphyllo*, *radice repente D. Sarrazin.*
Christophoriana Virginiana, Zarzae radicibus surculosis,
& fungosis, Sarsaparilla nostratibus dicta Pluk. Almag. 98.
Tab. 238. fig. 5. Zarzaparilla Virginiensibus nostratibus dicta, lobatis Umbelliferae foliis Americana. Ejusd. Almag.
396.

2. *Aralia caule folioso*, *laevi D. Sarrazin.* Aralia Ca-
nadensis Instit. R. H. 300.

3. *Aralia caule folioso*, *& hispido D. Sarrazin.*

4. *Aralia arborescens*, *spinosa.* Angelica arborescens,
spinosa, seu Arbor Indica Fraxini folio, cortice spinoso.
N°. 1. Raij Hist. 2. 1795. Christophoriana arbor aculeata,
Virginiensis Pluk. Almag. 98. Tab. 20.

(a.) Des Instit. v. h. 300. Tab. 154.

Tou-

Species huius generis habentur

... Omnium... ... ... Nova...
...per D. Sarrazin. *Gazette de Lion a Padoue* &
... N°. 745. 174.

Araliastrum Quinquefolii folio, minus D. Sarrazin.
Planta Marilandica, foliis in summo caulicalo ternis,
... unumquodque quinquefariam dividitur, circa mar-
... *ferrato.* N°. 30. Raj. Hist. 3. & 8.

3. *Araliastrum* Fragariae folio, minus. *Nasturtium*
anemones Sylvaticae foliis Enneaphyllon, floribus exiguis.
Plukn. Mantiss. 135. *Tab.* 425. *fig.* 7.

Ut intelligatur *Araliastr.* ab *Aralia*, unde nomen suum
derivat, differentia, conveniet & Characterem posterioris
huius generis subnectere.

Aralia Simillima Araliastro fabrica, situque, floris,
bacca vero eius continet ut plurimum quinque semina in
orbem axi circumposita. Caeterum & folia eius brachiata
fere Angelicae instar, caulesque, qui in quibusdam speciebus nudi sunt, quique in aliis alternatim positis ornantur
foliis, omnes ferunt in sua summitate semper umbellas
flores.

Araliae species sunt.

1. Aralia, caule aphyllo, radice repente D. Sarrazin.
Christophoriana, Virginiana Zarzae radicibus surculosis &
fungosis, Sarsaparilla Nostratibus dicta, Plukn. Almag.
98. *Tab.* 238. *Fig.* 5. *Zarzaparilla Virginensibus Nostrati-*
bus dicta, folatis umbelliferae foliis Americana. Plukn.
Almag. 396.

2. Aralia, caule folioso, laevi D. Sarrazin. *Aralia Ca-*
nadensis. Inst. R. Herb. 300.

3. Aralia, caule folioso & Hispido. D. Sarrazin.

4. Aralia arborescens, Spinosa. *Angelica arborescens Spi-*
nosa, seu Arbor Indica fraxini folio cortice Spinoso. N°. 1.
Raj. Hist. 2. 1795. *Christophoriana arbor aculeata Virginien-*
sis. Plukn. Almag. 98. *Tab.* 20.

Instit. R. Herb. 300. Tab. 154.

Omnes

Toutes les especes de ces deux genres, a l'exception de la derniere de l'un & de l'autre, sont communes en Canada, d'ou Monsieur Sarrazin Conseiller au Conseil superieur, Medecin du Roy & Correspondent de l'Academie Royale des Sciences les a envoyées pour la premiere fois, au Jardin Royal de Paris, dès l'année 1700.

Les habitans de la Colonie, & ceux de la Virginie, appellent salsepareille, la premiere espece d'Aralia, parceque ses racines en ont a peu prés la figure & les vertus. Monsieur Sarrazin dit avoir traité un malade d'une vomique, lequel par l'usage d'une boisson faite avec ces racines, s'étoit guery d'une anasarque, deux ans auparavant. Cet habile Medecin assure que les racines de la seconde espece étant bien cuites & appliquées en cataplasme, sont tres-bonnes pour la guerison des vieux ulceres, de même que leur decoction; de laquelle on bassine & seringue aussi les playes. Il ne doute point que les vertus de la troisiéme qu'on va décrire brievement, ne soint les mêmes que celles de la seconde *. Ses racines tracent & poussent des tiges qui s'elevent ordinairement a la hauteur d'un pied & demi, & quelquefois de deux pieds, la partie inferieure de ces Tiges est herissée de poils roux, durs & piquants. Elles sont accompagnées depuis leur origine jusque vers leur partie superieure & rameuse par des feuilles alternes, branchues & presque semblables a celles de Podagraria hirsuta Angelicæ folio & odore. Qui est gravé dans la 2de partie du Musaeum de Boccone, Tab. 19. sous le nom de Cerefolium rugoso Angelicae folio, aromaticum. & dans Rivinus, sous celui de Myrrhis fol. Podagrariae.

Enfin ces Tiges, & leurs rameaux, se terminent par des umbelles simples, chargées, comme celles des autres especes, des fleurs a cinq petales egaux & entiers, entourant autant d'étamines, & cellescy, un pareil nombre de trompes capillaires, qui partent du fond d'un calice a cinq dé-

* Courte description de la 3. espece d'Aralia.

cou-

Omnes species binorum horum generum, exceptâ ultimâ utriusque, vulgatae funt in Canadâ; unde Vir Clarus, Dominus Sarrazin, in supremo Consilio Consiliarius, Medicus Regius, Membrumque Academiae regiae scientiarum misit primâ vice anno 1700. in Hortum Regium Parisiensem.

Incolae coloniae, ipsique Virginiae habitatores, appellant primam *Araliae* speciem Salsepareille: quia radices ejus fere figuram virtutemque possident eandem. Dominus Sarrasin ait se curasse vomicâ laborantem aegrum, qui usu liquoris potulenti ex radicibus his confecti sanatus fuit ante biennium ab hydrope ἀνὰ σάρκα. Expertissimusque hic medicus affirmat radices secundae speciei ritè coctas, exhibitasque formâ cataplasmatis optimas haberi curandis inveteratis ulceribus, itemque decoctum etiam illarum, quo vulnera lavant, fovent, aut injiciendo purgant; nec dubitat, quin tertiae speciei eaedem secundae vires sint. Hanc breviter ita describam.

Aralia tertia.

Radices formant, emittuntque, caules, qui plerumque assurgunt in proceritatem sesquipedis, bipedalem quandoque attingunt. Pars caulium inferior hirsuta pilis rufis, duris, pungentibusque. Sociantur verô caules ab origine usque in summitatem ramosam foliis alternè positis, brachiatis, similibus *Podagrariae Hirsutae, Angelicae folio & odore.* Quae planta cernitur incisa aeri *Tab* 19. *in parte alterâ Musaei Boccone,* sub nomine *Cerefolii rugoso Angelicae folio, Aromatici.* & apud Rivinum titulo *Myrrhidis folio podagrariae.* Denique caules hi, eorumque rami, exeunt in umbellas simplices, sustinentes, ut aliarum specierum umbellae, flores quinque petalis aequalibus & integris constantes, cingentibus totidem stamina, quae rursum ambiunt tubas capillares quinque numero, quae quidem tubae exeunt e fundo calicis quinquefidi e diametro op-

coupures diametralement opposé au pedicule de l'ovaire, ou
du jeune fruit. Cet ovaire devient ensuite une baye spheri-
que contenant cinq semences.

Le Ninzin, ou premier Araliastrum, se trouve dans les
bois situez sous les 45. & 46. degrez de latitude; & le se-
cond sous les 47.

La premiere espece d'Aralia croît dans les clarieres des
forêts sous les 40, 45, & 47. degrez. La seconde, qui est
connuë dans le pays par le nom d'Anis, en ce que ses bayes
en ont, dit on, le gout, se rencontre dans de bonnes terres,
sous les 40, 45, & 50, degrez; & la troisième sous les
48.

AUTRE ETABLISSEMENT

*De deux nouveaux genres de Plantes avec la
description d'un pareil nombre de nouvelles especes rapportées a l'un de
ces mêmes genres.*

Genre I.

SHERARDIA.

LA Sherardia est un genre de Plante dont la fleur
ne peut être mieux comparée qu'a celle de la
Vervene (a); car outre qu'elle est complette,
monopetale, irreguliere & hermaphrodite, contenant l'Ovaire, son pavillon se decoupe aussi
en deux levres inegales: l'une recoupée en deux parties,
& l'autre en trois; ou si l'on veut, il se partage en
cinq lobes, sçavoir deux superieurs, deux lateraux &
un inferieur. L'Ovaire qui part du fond du calice devient aprés que la fleur est passée, une capsule seche con-

(a) Voyez les Instit. V. H. Tab. 94. fig. A.

tenant

pofiti pediculo ovarii, aut fructus junioris. Tandem eva-
dit ovarium hoc in baccam fphaericam continentem femi-
na quinque.

Ninzin, five primum Araliaftrum, reperitur in Sylvis fitis
fub latitudine graduum 45, 46. Secundum verò in latitudine 47. graduum.

Prima Aralia crefcit in campis inter nemora fitis fub latitudine 40, 45, 47, graduum. Altera, quae titulo Ani-
fi cognofcitur apud indigenas loci, quia baccae ejus feruntur faporem ejus referre, in folo crefcit fertili: fub latitudine 40, 45, & 50. graduum; tertia tandem fub 48.
gradibus.

ALTERA CONSTITUTIO

*Duorum novorum generum Plantarum, unâ
cum defcriptione binarum fpecierum novarum, ad unum horum generum
relatarum.*

Genus I.

SHERARDIA.

SHERARDIA eft genus Plantae, cujus flos nequit
melius comparari quam flori verbenae (*): præ-
terquam enim, quod fit completus, monòpe-
talus, anomalus, hermaphroditus, & ovarium
complectens, expanfa ejus margo etiam finditur
in labia bina inaequalia, quorum unum in duas fecatur partes, alterum in tres; aut, fi velis, dividitur in lobos quinque, binos fcilicet fuperiores, laterales duos, unumque
inferiorem. Ovarium ex fundo calicis affurgens, flore de-

(*) Vid. Inftit. R. H. Tab. 94. Fig. A.

lapfo,

tenant deux femences. Les feüilles font fimples & oppo-
fées, & les fleurs difpofées en épi.

Les efpeces de ce genre font,

1. *Sherardia repens, nodiflora.* Verbena nodiflora J.
B. 3. lib. 30. p. 444. C. B. Pin. 269.

2. *Sherardia repens, folio fubrotundo craffo, nodiflora.*
Anacoluppa Hort. Malab. 10. p. 93. Raij Hift. 3. 316. N°. 30.

3. *Sherardia incana, nodiflora.* Verbena nodiflora, incana, Curaffavica, latifolia Par. Bat. Prod. 383. Raij Hift.
3. 286. Pluk. Almag. 382. Tab. 232. fig. 4.

4. *Sherardia nodiflora, Stoechadis ferrati folii folio.* Lavandula foliis crenatis, latioribus, Americana ; frutefcens
Plum. Cat. 6. Inftit. R. H. 198. Verbena nodiflora Curaffavica, foliis Menthae Par. Bat. Prod. 383. Raij Hift. 3. 287.

5. *Sherardia Ocymi folio, lanuginofo, flore purpureo.* Verbena Americana, media, annua, Ocimi folio lanuginofo,
flore purpureo amplo Breyn. Prod. 2. Raij Hift. 3. 285.
Verbena Scutellariae S. Caffidae folio difpermos, Americana Pluk. Almag. 382. Tab. 70. fig. 1.

6. *Sherardia Teucrii folio, flore purpureo.* Verbena
fpicata Jamaicana, Teucrii pratenfis folio, difpermos Raij
Hift. 3. 285. Pluk. Almag. 382. Tab. 321. fig. 1.

7. *Sherardia frutefcens, Teucrii folio, flore caeruleo-*
purpurafcente ampliffimo. Verbena Americana, frutefcens
Teucrii foliis, floribus caeruleopurpurafcentibus ampliffimis Breyn. Prod. 2. Raij Hift. 3. 285. Verbena Orubica
Teucrii folio, Primulae veris flore, filiquis & feminibus longiffimis Par. Bat. Prod. 383. Pluk. Almag. 382. Tab. 327. fig. 7.

8. *Sherardia Teucrii folio, flore coccineo.* Verbena A-
mericana, Veronicae foliis flore coccineo fpicato Breynii
Hort. Amftel. 2. 223. Raij Hift. 3. 286.

Comme ce genre doit être rapporté immediatement au-
prés de la Vervéne (ª), laquelle n'en differe à propre-
ment parler, que par le nombre de fes femences qui eft
de quatre, on auroit peû le nommer Verbenaftrum; *mais*

(ª) *Verbena.*

les

... capfulacea, continent ... Albida. ... cia, oppofita, flores in fpicam digeft.

Species hujus generis funt

1. Sherardia repens, nodiflora. *Verbena nodiflora* L. *B.* 3. *lib.* 30. *p.* 444. *C. B. Pin.* 269.

2. Sherardia repens, folio fubrotundo craffo, nodiflora. *Ancoluppa Hort. Malab.* 10. *p.* 93. Raij Hift. 3. 316. N°. 30.

3. Sherardia incana, nodiflora. *Verbena nodiflora, incana Curaffavica, latifolia Par. Bat. Prod.* 383. *Raij Hift.* 3. 286. *Pluk. Almag.* 382. *Tab.* 232. *fig.* 4.

4. Sherardia nodiflora, Stoechadis ferrati folii folio. *Lavandula foliis crenatis latioribus, Americana, frutefcens. Plum. Cat.* 6. *Inftit. R. H.* 198. *Verbena nodiflora Curaffavica, foliis Menthae. Par. Bat. Prod.* 383. *Raij Hift.* 3. 287.

5. Sherardia Ocymi folio, lanuginofo, flore purpureo. *Verbena Americana, media, annua, Ocymi folio lanuginofo, flore purpureo amplo. Breyn. Prod.* 2. *Raij Hift.* 3. 285. *Verbena, Scutellariae, five Caffidae folio, difpermos, Americana. Pluk. Almag.* 382. *Tab.* 70. *fig.* 1.

6. Sherardia Teucrii folio, flore purpureo. *Verbena fpicata Jamaicana, Teucrii pratenfis folio, difpermos. Raij Hift.* 3. 285. *Pluk. Almag.* 382. *Tab.* 321. *fig.* 1.

7. Sherardia frutefcens Teucrii folio, flore caeruleo purpurafcente ampliffimo. *Verbena Americana, frutefcens Teucrii foliis, floribus caeruleo purpurafcentibus ampliffimis. Breyn. Prod.* 2. *Raij Hift.* 3. 285. *Verbena Orubica Teucrii folio, Primulae veris flore, Siliquis & Seminibus Longiffimis. Par. Bat. Prod.* 383. *Pluk. Almag.* 382. *Tab.* 327. *fig.* 7.

8. Sherardia Teucrii folio, flore coccineo. *Verbena Americana, Veronicae foliis, flore coccineo fpicato Breynii Hort. Amft.* 2. 223. *Raij Hift.* 3. 286.

Quum lege difciplinae genus hoc ftatim referendum fit poft Verbenam, quae inde non differt reverâ, nifi folo feminum numero fuorum, quae Verbenae quatuor nafcuntur, potuiffet appellari ideò *Verbenaftrum*. Verum quum

G   Bo-

les Botanistes estant en droit de pouvoir exprimer les nouveaux genres ou par les noms de leurs Autheurs, ou par
ceux de leurs bienfaicteurs & de leurs amis, pour ressu-
sciter les uns & immortaliser les autres dans la Botanique, j'ai imposé a celuy-cy le nom de l'Illustre Mr. Sherard qui est tout à la fois, & mon veritable Ami, &
mon bienfaicteur en fait de Plantes seches, & a qui il
ne reste plus pour estre estimé autant que tous les Autheurs
ensemble, qu'a finir son Pinax & a le donner au public
qui attend de lui ce chef-d'œuvre, avec la derniere im-
patience.

La Sherardia & la Vervéne qui est comprise mal à propos
entre les plantes de la quatriéme Classe des Institutions
de Botanique, doivent entrer dans la troisiéme & y prece-
der l'Adhatoda.

Genre II.

BOERHAAVIA.

La Boerhaavia est un genre de Plante dont la fleur est
complette, reguliere, monopetale, pentagone, & hermaphrodite portant sur l'ovaire, dans la couronne duquel-
elle s'articule. Cet ovaire devient une capsule monosper-
me, conique ou pyriforme, seche, solide & canelée selon sa
longueur. Les feuilles sont simples & opposées par paires
le long des tiges, avec cette circonstance qu'une des feuilles
de chaque paire est ordinairement plus grande que l'autre.

Les especes de ce genre sont,
1. Boerhaavia Solanifolia, major. Valerianella Coras-
savica, semine aspero, viscoso Par. Bat. 237. Pluk. Tab.
113. fig. 7. Valerianella folio subrotundo, flore purpureo,
semine oblongo, striato, aspero Car. Jam. 91. Raij Hist.
3. 244. Valeriana humilis, folio rotundo subtus argenteo
Plum. Cat. 3. Talu-Dama Hort. Malab. 7. 105.
2. Boerhaavia Nubica, minor.
3. Boerhaavia Nubica, minima.

La

[...] us datur fit, ut [...] species [...] nomen imponendi, iit & Forum, [...] specie benefacta, vel cum Quibus amicitiam exce[...] ad excirunda illa, hanc vero immortalitati confe[...] quidem, ego huic generi nomen dedi ab Illuftri Gulielmo Sherard, qui fimul & fincerus mihi amicus, atque etiam refpectu plantarum exficcatarum benefactor verus. Sané hic vir, hic eft, quem tanti feceris unum, quanti caeteros omnes fimul Auctores rei Herbariae, fimulac abfolverit *Pinacem Sherardianum*, ejufque in publicum evulgatione obftrictam fibi reddiderit Rempublicam Botanicam, quae opus hoc incomparabile ardentiffimis ab eo votis exfpectat, flagitatque.

Sherardia & *Verbena*, malè locàtae inter ftirpes quartae claffis inftitut. R. H. debent tertiae accenferi ftatim ante *Adhatodam*.

Genus II.

BOERHAAVIA.

Boerhaavia eft genus Plantae, cujus flos completus, regularis, monopetalus, pentagonus, hermaphroditus, ovario infiftens, intra cujus coronam inarticulatur. Ovàrium hoc fit capfula monofpermos, conica, aut pyro fimilis, ficca, folida, fulcata juxta longitudinem. Folia huic fimplicia, oppofita per paria fecundum caulium proceritatem eà lege, ut unum cujufque paris folium altero fit plerumque majus.

Species hujus generis funt.

1. Boerhaavia folanifolia, major. *Valerianella Curaffavica, Semine afpero, vifcofo. Par. Bat.* 237. *Plukn. Tab.* 113. *Fig.* 1. *Valerianella folio fubrotundo, flore purpureo, femine oblongo, ftriato, afpero. Cat. Jam.* 91. *Raj. Hift.* 3. 244. *Valeriana humilis, folio rotundo fubtus argenteo. Plum. Cat.* 3. *Talu. Dama. Hort. Malab.* 7. 105.

2. Boerhaavia Nubica, minor.

3. Boerhaavia Nubica, minima.

Boer-

La Boerhaavia differe de la Mâche (a) sous laquelle
sieurs Autheurs ont reduit la premiere de ces trois especes
non seulement par l'inegalité qui se rencontre dans ...
les d'une même paire ; mais encore par la regularité ...
fleur, celle de la Mache étant essentiellement irregu...
Ainsi c'est a tort que M. de Tournefort a compris ce dernier
genre dans la seconde Classe de ses Elemens & de ses institutions de Botanique, puisque, suivant son Systeme a la let-
tre, la Mache appartient de droit a la troisiéme Classe, ou
il auroit aussi deu renfermer la Valeriane (b), la Jusquia-
me (c), la Veronique (d), le Bouillon blanc (e), & l'Herbe
aux mites (f); d'autant que leurs fleurs sont anomales ou
irregulieres.

Ce genre auquel on auroit peu donner le nom de Vale-
rianoides, porte celui du celebre M. Boerhaave un des plus
sçavans Professeurs en Medecine & en Botanique qui ayent
jamais été à Leyde.

La Boerhaavia Nubica, minor, est une herbe dont les tiges sont trainantes, tendres, pleines de suc, longues d'environ un pied sur une ligne d'épaisseur, relevées de plusieurs
neuds distants l'un de l'autre d'un pouce ou deux. De chaque
neud partent deux feüilles, simples, entiéres, d'inegale
grandeur, de la forme de celles de la Bete (g), un peu on-
dées sur leurs bords, blanchâtres & legerement cotonées en
dessous ou leurs nerveures ont assez de relief. Le dessus de
ces feüilles est d'un vert rejoüissant, tracé de veines pour-
pres & fouetté de la même couleur en certains endroits. Les
plus amples n'ont guere qu'un demi pouce de longueur sur un
peu moins de largeur. Il est a remarquer que jamais deux
grandes ni deux petites feüilles ne se suivent immediatement
sur un même côté de la tige, mais que les unes & les autres
y sont toujours entre meslées alternativement & qu'il en
est ainsi des branches dont les plus fortes sortent de l'aisselle
des plus petites feüilles. Ces branches, ou d'autres feüilles
gardent le même ordre, sont terminées par des bouquets de

(a) Valerianella. (b) Valeriana. (c) Hyoscyamus. (d) Veronica. (e) Verbascum.
(f) Blattaria. (g) Beta.

fleurs

Valerianae . . . . primam . . . . quae occurrit in ejus foliis q . . . . conjunguntur, fed & analogiâ floris, qui in . . . nullâ naturaliter anomalus. Eft itaque contra leges herbarias, quod Clarus Tournefort comprehenderit olimum hoc genus fub claffe fecundâ Elementorum & Inftitutionum rei herbariae: quia juxta fenfum Syftematis ejus Valerianella jure pertinet ad claffem tertiam, cui & incluſiſſe oportuerat quoque Valerianam, Hyoſcyamum, Veronicam, Verbafcum, Blattariam, quatenus flores harum omnium anomali funt vel irregulares.

Genus hoc, cui nomen dari potuerat *Valerianoïdi*, appellationem habet a celeberrimo Boerhaave, Profeſſore Medicinae & Botanices in Academiâ Lugduno Bátavâ.

Boerhaavia Nubica minor, eft herba, cujus cauliculi repentes, tenelli, fucculenti, pedem circiter longi, lineam craffi, affurgentes in plures nodos qui a fe invicem diftant unum, binofve pollices. oriuntur ex unoquoque nodo folia duo, fimplicia, integra, inaequalis magnitudinis, formâ Betae, parum undulata in margine, candefcentia & leviter lanuginofa in fuperficie pronâ ubi & in nervofam Scabritiem afpera Spectantur fatis; in fupinâ verô fuperficie funt laete virentia, venis purpurafcentibus picta, & hinc inde eodem colore variegata. Maxima horum vix longiora femipollice, paulôque minus lata funt. Notabile videtur, nunquam duo folia magna vel duo parva fe invicem fequi ab uno eodemque caulium latere; fed quod majora femper minoribus alternâ viciffitudine interpolentur, quodque lex eadem obtineat in ramis, quorum fortiſſimi femper ex alis minimorum foliolorum exoriuntur. Rami hi, quorum folia eandem dénuô fervant ordinem, exeunt in thyrfos florum coloris floris lini dilutioris, fed adeô minutorum, ut vix dimidiatam habeant lineam in diametro ubi expanfi funt. Quilibet flo-

rum

leurs gris de lin tendre, mais si petites qu'a peine ont
demie ligne de diametre lorsqu'elles sont épanouies. Chaque
fleur est, pour ainsi dire, un grelot d'une seule pie tasse
a cinq pans & decoupée en étoile ou en cinq lobes égaux, legerement échancrez par le bout, elle couronne l'ovaire ou la
tête de l'embryon du fruit, sur laquelle, au deffaut d'un calice à decoupures, ou suffisamment creux pour la pourvoir
assujetir, elle est affermie par la trompe qui la perce & l'en-
file en s'engageant en même tems, comme dans une gaine,
entre trois étamines fort courtes & a sommets jaunes, lesquelles s'elevent du fond verdâtre de cette fleur. L'Ovaire
qui ne contient qu'une seule semence, devient une capsule
taillée en forme de cone renversé dont la base est un peu con-
vexe : Cette capsule est canelée d'un bout a l'autre, parse-
mée d'un duvet fort leger, & enduite d'une petite glu qui
s'attache aux doigts. Dans sa parfaite maturité, sa longueur n'excede pas deux lignes pour l'ordinaire, & son diametre n'en a pas tout à fait une dans le plus fort de son é-
paisseur. Cette Plante étant machée, n'a que le goût d'herbe, & son suc ne rougit le Papier bleu que foiblement.

La Boerhaavia Nubica, minima, ne differe de la preceden-
te qu'en ce qu'elle est beaucoup plus petite dans toutes ses
parties; les tiges n'ayant qu'un quart de ligne d'épaisseur sur
trois pouces de longueur. Dans ce dernier sens, ses plus grandes feüilles n'ont qu'environ quatre lignes, & seulement deux
de largeur; leur pointe étant d'ailleurs plus aiguë à proportion que celle des feüilles de la Boerhaavia Nubica minor.

Ces deux Plantes naissent entre Mocho & Tangos dans la
Nubie, où elles ont été observées par feu Mr. Lippi Medecin de la Faculté de Paris, lequel avoit été deputé par
Mr. Fagon Conseiller d'Etat ordinaire, premier Medecin
du Roy Louis XIV. sur Intendant du Jardin Royal & ho-
noraire de l'Academie des Sciences, pour accompagner Mr.
du Roule envoyé de la Cour de France en celle d'Etiopie,
& travailler, en chemin faisant, a l'Histoire naturelle,
dans laquelle il étoit fort sçavant.

F I N.

Ovarium vel caput embryonis fructus, (defectu calicis incisi aut satis excavati ut exce... florem firmare queat) affigitur proboscide, quae flo... perforat, eique se immittit insinuando se simul ut in ...inam, intra tria stamina valde brevia, apiculisque flavis instructa quae assurgunt ex viridescente hujus floris fundo. Ovarium, uno modo semine foetum, capsula sit secta in speciem coni inversi, cujus basis parum convexa emergit; est porro haec ipsa capsula sulcata ab uno in alterum extremo, tenui respersa tomento, atque glutine pauco digitis adhaerente obducta. Perfecta maturitate, longitudo frequentissime haud excedit binas lineas, ejusdemque diametr..., ubi crassissima habetur, vix lineae longitudinem assequitur. Manducata haec planta herbosum modo Saporem exhibet, ejusdemque succus chartae caeruleae colorem rubrum vix conciliat nisi languidum.

Boerhaavia Nubica, minima, a praecedenti haud differt, nisi quod omni parte sit longe minor; caulibus ejus vix quartam lineae partem crassis, tres autem pollices modo longis. Qua ratione maxima ejus folia circiter quatuor tantum lineas longa, duasque modo lata sunt; apice caeterum acutiore proportionaliter, quam apex foliorum in *Boerhaavia Nubica minore*.

Crescunt ambae posteriores plantae in Nubia inter Mocho & Tangos, ubi observatae sunt per Clarum Lippi, e Parisina facultate medica Doctorem, qui legatus ex mandato Nobilissimi, Amplissimique Fagon, Ordinarii Consiliarii Status, Archiatri Serenissimi Regis Ludovici XIV, Summi Directoris Horti Regii Parisini, Professorisque in Academia Regia Scientiarum honorarii, ut comitaretur Dominum Du Roule legatum aulae Gallicae ad AEthiopicam aulam, utque in hoc itinere operam daret historiae naturali, cujus sane erat peritissimus.

F I N I S.

Excuſo jam libello, accidit, ut nactus aliud exemplar putaverim, hinc inde quaedam addi, mutari paululum, aut corrigi ita poſſe.

Dans le titre, lign. 15. après *description* ajoutez *d'un pareil nombre de nouvelles eſpeces*, & effacez *de deux nouvelles* PLANTES *rapportées au dernier genre*, In Titulo, lin. 15. post *descriptione* adde *totidem novarum ſpecierum* dele *duarum* PLANTARUM *novarum generi poſtremo inſcriptarum*, p. 3. l. 22. l. *uſitatamque* p. 7. l. 5. l. *adhuc* p. 8. l. 9. l. *faiſte* l. 17. l. *aiguillonnant* l. 32. l. *marquès* p. 10. l. 21. l. de p. 14. l. 14. l. *connu* l. 21. l. renfermée p. 18. l. 5. l. baſe l. 11. qu'il l. qu'il les l. 36. l. *Pariſiacum* L. I. p. 19. l. 13. l. obturatae p. 20. l. 14. des l. de l. 35. put p. 22. l. 2. l. 4. l. 4. ne l. ne ſe l. 22. l. portés l. 25. ſe l. ee l. 35. l. bas p. 25. l. 19. l. *maſculins* p. 29. l. 34. l. *veru* p. 30. l. 15. l. *celles* l. 24. tout de l. toutes p. 31. l. 2. l. L *Ovarium* p. 32. l. 2. l. *fruit* l. 29. l. *premieres* p. 33. l. 22. l. l'Ac. p. 34. l. 14. après *Ruta*, ajoutez *de Pyrola*, l. 16. après *toutes* ajoutez les p. 36. l. 32. *établis ſeulement par rapport* à l. *ſolidement établis par rapport ſeulement* à p. 42. l. 5. l. *quinquefolii* l. 22. l. ſont l. 36. l. r. p. 43. l. 3. & 29. l. *Sarrazin* l. 8. 30. l. 36. l. 9. après *Naſturtium* ajoutez *Marianum* p. 44. l. 4. l. *Correſpondant* p. 46. l. 30. l. R. p. 51. l. 26. l. **Cotaſſavica** l. 28. l. fig. 7. l. 31. 105. l. 107, p. 52. l. 2. de cet l. des l. 37. l. *Beta*.

www.ingramcontent.com/pod-product-compliance
Lightning Source LLC
Chambersburg PA
CBHW050525210326
41520CB00012B/2443